湖南省森林恢复和多功能经营
技术指南

陆元昌　邓鹰鸿　刘　瑾　国　红　著

中国林业出版社

图书在版编目（CIP）数据

湖南省森林恢复和多功能经营技术指南 / 陆元昌等著. —北京 : 中国林业出版社, 2019.6

ISBN 978-7-5219-0132-0

Ⅰ.①湖…　Ⅱ.①陆…　Ⅲ.①森林植被－恢复－湖南－指南 ②森林经营－湖南－指南　Ⅳ.①S718.54-62　②S75-62

中国版本图书馆CIP数据核字(2019)第127842号

责任编辑 / 洪　蓉
装帧设计 / 曹　来

出　版	中国林业出版社
	(100009 北京西城区德内大街刘海胡同 7 号)
发　行	中国林业出版社
电　话	(010) 83143564　83143618
印　刷	北京中科印刷有限公司
版　次	2019 年 8 月第 1 版
印　次	2019 年 8 月第 1 次
开　本	710mm×1000mm　1/16
印　张	6.5
字　数	150 千字
定　价	45.00 元

湖南省森林恢复和多功能经营技术指南

本书著者

陆元昌　国家林业和草原局森林经营工程技术研究中心常务副主任、中国林业科学研究院资源信息研究所研究员

邓鹰鸿　湖南省林业局外资项目办公室副主任

刘　瑾　世界银行驻中国代表处林业项目经理高级林业专家

国　红　中国林业科学研究院资源信息研究所副研究员

前　言

　　中国是个农耕文明的传统国家，过去的整个20世纪又受到工业文明技术发展的影响，依赖于人工勤奋耕作土地的理念和集约经营技术的特征在森林和林业中留下了深刻的烙印。直到21世纪初期，森林对中国的林业来说，要么是"天然林"理念下的自然而自在之物，要么是"人工林"理念下的以多年生乔木为主的庄稼地，这两个概念体系之外的其他关于"森林"的概念和认识还一直停留在研究和探索的领域。但是随着工业化发展的进程，各种极端气候、空气污染、土地酸化、病虫流行、洪水泛滥、沙尘肆意等灾害性现象日趋频繁，人类开始感到自己对森林的依赖不止是木材和纸浆等物质形态，还有灿烂的阳光、新鲜的空气和洁净的水，还有森林的调节气候、保水保土、防风固沙等对人类生存环境的保护功能，而这些"森林产品"对社会的作用正在超过其直接物质原材料生产和支持的作用。这就是中国林业从"商品林—公益林分类经营"向同时兼顾生态文化服务和物质生产的多功能森林经营发展的历史必然，也是人类社会从工业文明阶段向生态文明阶段进步的标志。

　　2008年年初，中国中南地区经历了一次百年一遇的冰雪灾害，严重损毁了大量南方地区的森林。湖南省是受灾最严重的地区，森林资源遭到严重损失，受灾面积约453万 hm^2，受灾蓄积逾17392万 m^3，分别占全省林地面积、活立木总蓄积的35.28%和43.19%，森林生态系统破坏严重。调查发现，在这次冰雪灾害中，单一树种的针叶人工林和竹林比天然林或人工混交林受到更加严重甚至是毁灭性的打击。分析原因，主要是单一树种和结构的针叶人工林和竹林适应性差，抵御自然灾害能力弱，且大部分受损森林无法短期内自然恢复，导致地表开始了一次长期的生态退化过程，不良影响开始向整个湖南省的广大地区扩散。

湖南省人民政府已经意识到需要采取积极的措施来减缓冰雪灾害带来的长期负面环境影响，阻止进一步的螺旋式森林生态系统退化。林业需要由生产导向型单一树种的人工林经营向兼顾环境支撑作用的、具有自然灾害抗逆性和应对未来气候多种变化影响的多功能森林经营转变。而重建并恢复湖南省因 2008 年罕见雨雪冰灾天气而严重受损的森林资源，提高森林的抗逆性，促进森林多功能效益发挥势在必行。为此，湖南省人民政府于 2010 年向世界银行提出了"湖南省森林恢复和发展项目"建议，国家发展改革委和国家林业局给予了积极支持，世界银行对此十分关注，作出积极响应，正式把"湖南省森林恢复和发展项目"列入计划。该项目于 2010 年 11 月经国家发展改革委、财政部以发改外资 [2010]2617 号文件批复同意，列入利用世界银行贷款 2011—2013 财年项目规划，并在 2011 年间完成了项目预评估工作，各方就项目的目标、内容、项目区选择、建设条件等方面达成一致，并形成了项目的多功能森林恢复和经营的核心技术模型，项目于 2012 年初正式启动执行。

本项目的科学原理和技术要求可以归纳为"以多功能森林经营理论为指导思想、以近自然经营技术为实现途径、以培育多树种混交林为基本森林形态、以长期发展目标引导下的全周期经营设计分阶段实施为新型技术特征"四个方面。根据项目安排，世界银行专家组和湖南省林业部门相关专家密切配合，在 2012 年初项目启动阶段就依据核心技术模型而设计开发了《森林恢复和多功能经营实施技术指南》文本，用于支持在湖南省 22 个项目实施所在区（县）内的冰雪受害森林的恢复与重建工作，该技术指南在 2012—2018 年间通过多次培训和改编应用到了所有项目区（县）的森林恢复建设工作中，是把项目的"多功能、近自然、混交异龄、全周期"设计的四大技术落实到现地的核心技术文件。在项目接近尾声时，我们应各方要求把这个核心技术文件整理成《湖南省森林恢复与多功能经营技术指南》（以下简称《指南》）并付梓出版，希望通过《指南》的出版来进一步推动湖南省和我国多功能森林经营理论技术的深化发展。也希望借此能强化一个认识：经营森林的人都要懂得，任何经营活动都对森林有一定的干扰，当今的大部分森林都是一个人工与自然交互作用下形成和发展的近自然生态系统；要使干扰在自然系统中取得补偿和平衡，就意味着要做出生态、经济和社会文化三方面都有可持续性的折衷计划，即全周期森林经营计划；而经营森林的最高目标不是最大利润，而是对森林生态系统的生物多样性及发展进程的保护和提高，因为以树种多样性为主的森林生物多样性是森林生态系统健康和繁荣的物质基础，而只有实现了森林生态健康发展，森林经营的经济目标和社会价值才能真正得以实现。这是当前我们社会向生态文明阶段进步所追求的一种境界。

本书的主题是受害退化森林恢复与多功能经营实施技术，是湖南省林业厅实施的世界银行"湖南森林恢复和发展项目"和中国林业科学研究院承担的国家科技支撑项目"经营措施对南亚热带马尾松人工林地力维持机制研究（2016YFD060020501）"和"中国主要森林类型经营关键技术和立地适宜性研究示范项目"联合支持的一个主要技术成果，由项目执行人陆元昌、邓鹰鸿、刘瑾、国红四人主笔编著，编著工作还得到中国林业科学研究院资源信息研究所的刘宪钊、谢阳生、雷相东等同志的帮助和大力支持，湖南省林业厅的廖科、李书明、唐新民等同志在资料收集和技术实施及细化改进方面也给予了大力协助，特此表达作者的衷心感谢！当然还有更多的同志参加了本书涉及的技术和案例整理工作，我们抱歉在此未能一一列出。我们的目标是尽快提出湖南省适用的多功能森林恢复经营技术的核心模式和关键技术，供湖南省世行项目在执行期结束后参考使用，使实施的森林仍然能在全周期经营理念与设计的框架内持续细化和改进经营；也希望成为国内森林经营领域落实"绿水青山就是金山银山"和"美丽中国"建设之现代林业发展目标的技术参考。

由于作者水平限制，书中难免还存在各类不足或错误，恳请读者不吝批评指正。

编者

2019 年 2 月

目　录

森林多功能恢复与经营的指导思想

多功能森林经营是指在林分或小班水平上同时实现森林的物质生产、生态调节、文化服务和基础支持等 4 大功能的 2 个或 2 个以上组合的森林经营方式。本章提出世界银行贷款湖南省森林恢复与发展项目使用的生态修复主导目标、多功能森林经营指导思想、近自然经营技术途径、全周期经营计划的创新设计 4 个项目特有的多功能森林经营理论和技术内容。

1.1　以发挥森林生态效益为主导目标

根据项目提出的以可持续森林经营的生态效益为主导、探索新型森林经营模型、恢复损毁森林资源、提高森林生态系统适应能力、支持集体林权制度改革、促进生态建设发展的总体目标，提出项目的森林恢复经营技术模型设计的总体指导思想是"以生态效益为主的多功能森林经营"为项目设计和实施的指导思想，可以从以下设计原则来表达：

①设计和经营混交异龄林分，利用树种的不同特性实现多功能生态林目标；

②考虑长期森林经营目标，从速生树种向地带型顶极群落树种导向经营；

③通过提高林木的径级水平和提高森林活立木蓄积量来提高森林稳定性和生态服务功能（图 1-1），这就需要制订全周期森林经营计划（lifecycle management plan，LMP），也就是从现状开始到实现林分目标状态的全过程；

④经营体系不涉及常规皆伐作业，所有经营模式采用生态促进和生态友好的抚育性森林作业法执行。

本项目的这 4 个技术原则表达和加强了以区域森林生态功能提升为主导目标的公益性特征，同时表达了以多功能近自然经营为核心技术的基本要求。

图 1-1 由中小径级林木构成的针叶纯林在冰雪灾害中大部分受害且难以自然恢复（左图），大径级林木针阔混交异龄林（右图）在同样的灾害中整体上表现出轻度受害，受灾 3 年后已经基本自然恢复并保持持续的生长势头。

（作者 2012 年摄于郴州桂阳县）

1.2　以多功能森林经营为指导思想

发挥森林生态效益的目标可以通过多功能森林经营途径得到实现。多功能经营就是认识和应用森林的多种功能和效用，并在项目的经营模型设计中得到表达和应用。如目标一方面是提高森林对灾害的适应性和抗性，因此造林模型和树种选择应针对目前主要的自然灾害，体现其相应的功能如：抗低温和雪灾、耐干旱、贫瘠土地等；目标另一方面是改善生态功能，要求造林模型和树种选择应明确针对目前项目区的主要生态问题，体现其相应模型对其生态问题的治理功能，如涵养水源、防止水土流失、美化景观等功能；并确定项目实施的主要区域。

多功能森林经营（multi-functional forest management）

多功能森林经营是指在林分（或小班）水平上同时实现森林4大功能的2个或2个以上组合的森林经营方式。森林功能是指人们从森林生态系统中得到的效益，包括生态、经济和文化等多个方面，我们对森林多种功能的一级界定可以分为供给、调节、文化和支持四大类。

（1）供给功能：指人类从森林生态系统中获得的各种物质产品，如木材、食物、燃料、纤维、饮用水，以及生物遗传资源等直接需求。

（2）调节功能：指人类通过森林生态系统自然生长和调节作用所获得的效益，如维持空气质量、降水调节、侵蚀控制、自然灾害缓冲、人类疾病控制、水源保持及净化等功能对社会经济发展的支持效益。

（3）文化功能：指通过森林对丰富人们的精神生活、发展认知、大脑思考、生态教育、休闲游憩、消遣娱乐、美学欣赏以及景观美化等渠道和方式，而使人类从森林生态系统获得的体力恢复和精神升华等非物质的服务效益。

（4）支持功能：指森林生态系统生产和支撑其他生态系统和组成要素的基础功能，如物质循环、能量吸收、制造氧气、初级物质生产、形成土壤等对生存环境和上层陆地生态系统的支持效益（陆元昌等，2010）。

多功能森林经营就是在林分层次上同时实现这4类功能中的2个或以上功能为目标的森林经营。这个对"森林经营"的严格定义即意味着我们的森林经营方式需要从单一的轮伐期经营和简单森林保护的二维林业经营体系向以生态系统建设和多种森林服务功能开发为目标、以多个近自然梯度的森林形态和多种经营强度、经营方式对应的多维林业经营体系发展。

多功能森林经营的技术指标将是树种特性和功能表达、定义不同模式的主导功能和经营强度、针对具体对象空间的经营模型设计等三个方面。

1.3 以近自然经营技术为实现途径

近自然经营的基本特征是培育"近自然森林（close-to-natural forest，CNF）"，一种结合了人的愿望和自然可能的、主要由乡土树种组成的、具有混交复层和异龄结构的森林。近自然经营通过不断优化森林组成结构和生长演替过程的各项经营活动，在实现近自然林的过程中实现持续的林分覆盖和与此相关的森林生态、文化和经济服务功能。

> **近自然森林经营**（close-to-natural forest management）
>
> 近自然森林经营是以森林生态系统的稳定性、生物多样性、多功能性及缓冲能力分析为基础、以森林的多种服务功能开发和多品质产品生产为目标、以完整的森林生命周期为时间设计单元、以永久性林分覆盖和抚育性采伐利用为主要技术特征的一种森林经营理论和技术体系。近自然经营的终极目标是参照理想的潜在自然植被概念来建立"近自然森林"，在经营过程中认识和顺应森林自然发育与生长的力量，不断优化森林的组成结构和生长过程，在保持森林生态系统的完整性、稳定性和生物多样性前提下尽可能提高森林的生长量和物质生产能力。

近自然林业的基本自然观认为，森林是一种生命相关的地貌因素，是地球上最重要的第一性能量吸收者和储存者、决定性的能量转换者和能量供应者。如果森林消失，就意味着地貌中的能量供应源泉和平衡机制被摧毁了，陆地生态系统中的能量和物质循环将向着不支持生命的方向演化。如干旱和洪水、高温和低温、土壤侵蚀和湖河淤积等矛盾现象同时同地发生，都是森林消失的直接或间接后果。所以，从生态上来看，森林生态系统起着"减缓熵"的良好作用，地球上的其他生命形式都需要森林生态系统作为其生存的基本条件，地球应该始终处在森林的庇护之中。近自然林业的理论体系总体上包括了善待森林的生态伦理思想、把森林视为永续的多种功能并存的生气勃勃的生态系统的整体经营思想、把生态与经济要求结合起来培育"近自然森林"的具体目标、尝试和促成森林反应能力的人与自然协力经营的核心技术等方面。近自然森林经营的目标是以理想的潜在自然植被为理论参考来建立多功能近自然的森林，在经营过程中认识和顺应森林自然发育与生长的力量，不断优化森林的组成结构和生长过程，在保持森林生态系统的完整性、稳定性和生物多样性前提下尽可能提高森林的生长量和物质生产能力。

现代意义的近自然森林经营起源于德国、法国、奥地利等欧洲国家，已经有了 120 多年可考证的技术发展历史，代表性特征是经营"恒续林(continual covering forest)"。随着 19 世纪中叶欧洲的产业革命导致森林资源的大量破坏，永续利用成为必须面对的林业问题，围绕森林资源的永续利用，许多学者从不同的角度提出"木材培育论"，著名的"法正林"学说成为经营同龄林实现可持续经营的理论模式，而卡尔·盖耶尔（Karl Gayer）于 1880 年提出了与法正林不同的"恒续林经营"思想并加以实施，被认为是近自然森林经营的早期体现 (Gayer，1880,1886)；完整的近自然森林经营理论和技术体系是 20 世纪 20 年代提出的，由以德国林学家 Möller 代表的近自然林业学派与主张同龄林经营的土地净生产力学派的对立中发展起来（Sturm 1989），并开始了大量实践应用。例如在下萨克森州的 Neubruchhausen 林业局于 1892 年就开始了以营造混交林为特征的实验，此后这个林区出现了各种各样的混交林，这些森林现在被列为近自然森林的典范。那一时期 (1892—1930 年) 的林业局主任埃德曼 (Erdmann) 先生也被认为是近自然森林经理的奠基人之一，Neubruchhausen 林业局也从此改名为 Erdmannshausen 林业局。第二次世界大战后在德国成立了"近自然林业协会"，大规模促进了近自然森林经营的理论深入和实践应用。20 世纪 70 年代以后，近自然森林经理的理论和实践在德国和奥地利、瑞士、法国等许多国家得到了广泛的接受和应用，1989 年德国农业部林业局把近自然森林经营确定为国家林业发展的基本原则。

我国作为世界四大文明古国之一，对人类与森林关系的思考和研究也远早于欧洲，"近自然林业"的原始理念早在公元前 300 年间就已经出现，可考证的如《孟子》中的论述："斧斤以时入山林，树木不可胜用也；……，树木不可胜用，是使民养生丧死无憾也；五亩之宅，树之以桑，五十者可以衣帛矣"（《孟子·寡人之于国也》）。先人的意思是，若懂得适时适量地进入山林采伐林木，森林资源是可以持续利用的；若懂得在庭院之内种植桑树，到老则不愁穿戴衣帛；林木若实现持续利用，人民生活即有了一生可靠的保障。唐代的柳宗元 (公元 773—819 年) 关于种树育林的记载："橐驼非能使木寿且蕃，能顺木之天，以致其性焉尔。凡植木之性，其本欲舒，其培欲平，其土欲故、其筑欲密。既然已，勿动勿虑，去不复顾。其莳也若子，其置也若弃，则其天者全而其性得矣"（柳宗元·《种树郭橐驼传》）。柳公的意思是，种树人橐驼并不能使树木更长寿和长得更快，但他能顺应树木的天然习性来种植。树根要舒展，培土要水平，土壤要肥沃，密度要高些。造林后就要让树木自然生长一段时期，不要常常顾虑干扰，栽种时要像对孩子一样细心，种完了要像对弃物那样任其自由，就能使树木顺应天性地茁壮生长。孟子的"斧斤以时入山林，树木不可胜用"，柳宗元关于"顺木之天、其筑欲密"等森林利用和人工植树的论述，就已经表达了近自然林业的早期理念和基本内涵。

但是，中华民族早期的这些森林与人类关系的核心认识在我们历史发展的长河中被逐步淡化，直到 20 世纪后期，随着可持续林业理论与技术研发的国际潮流，我国林学界在开始学习和引进德国等林业发达国家的理论和技术的同时，才又认真找回了自己文明传承中的这些传统智慧，开始了科学意义上的近自然森林经营理论与实践。中国近自然森林经营的思考和实践在自然地理、森林对象、社会经济水平、时代背景、执行人员特征等很多方面都与欧洲和德国的情况有显著差别。在经过 20 多年的研究和实践发展后，以国家林业局于 2016 年发布的首个《全国森林经营规划（2016—2050 年）》为标志，提出了适应我国国情的多功能森林经营理论和技术的准确描述，成为我国近自然森林经营的理论技术全面发展应用的基本标志。

简要地说，我国科学近自然森林经营的核心内涵可以表述为在建设健康稳定、优质高效和多种功能的森林生态系统目标下，通过①干预树种和个体竞争来加速优胜劣汰选择；②认识和组合树种的经营特性来促进土壤肥力和多样性发展；③划分和辅助生长演替阶段来加速森林生态系统发育进程（发育阶段概念如图 1-2 所示）；④从保护特殊个体和自然生境到多功能经营区划的空间管理来保持经营条件下生态系统完整性等"顺应自然的经营技术"，表达出人工力量与自然力量协同配合而形成合力来经营森林的近自然经营本质特征，这个特征可以用"森林协力经营原理"加以概括。这也是我国进入 21 世纪后林业发展的新方向，是支持中国多功能近自然森林经营理论技术深入发展的核心思想和关键技术。这个核心内涵就是中华文化中"天人合一"的传统智慧与现代技术之定量和优化特征相结合的创新发展，是在抚育性森林经营理念指导下去理解自然的法则和趋势，并在自然可能的范畴和方向上利用技术法则与自然法则形成合力优势，不断优化森林组成结构和生长过程的新型森林经营方向，目标是获得源于自然又高于自然的、健康稳定的、具有高生产力和多种服务功能的近自然森林生态系统。这是我国林业在社会向生态文明阶段发展时期所追求的更高境界，也是本项目实现森林生态系统恢复重建的基本技术路线。

1.4　全周期经营的主要技术要领

全周期经营是一种适应新型森林生态系统经营理念的森林作业法设计技术，由传统的"森林经营周期"概念结合异龄林特征的森林生态系统经营需求而发展起来的森林经理学科技术概念。本项目在多功能林业发展的总体要求下，一个重要技术特征就是森林全周期经营，其本质是把森林经营的对象、方法与各项处理措施在经营目标的指导下，有机地集成为完整的"经营森林的工艺过程"，并在长期的森林经营发展过程中，按照工艺过程的规定持续有序地执行各项措施，直至实现最终的经营目标。

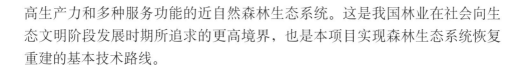

全周期经营（lifecycle management）

一种适应新型森林生态系统经营理念的森林作业法设计技术，是以森林的整个生命周期为计划对象，从造林建群、幼林管护、抚育调整、主伐利用到再次更新建群的整个森林培育过程来认识森林不同发育阶段特征并规划设计各阶段经营技术和处理安排的整体经营技术。

全周期经营是由传统的"森林经营周期"概念结合异龄林特征的森林生态系统经营需求而发展起来的森林经理学科技术概念。在传统的森林经营技术中，经营周期是指一次收获到另一次收获之间的间隔期，主要有轮伐期（rotation）和回归年（又称择伐周期，cutting circle），轮伐期主要用于单一结构和功能导向的用材林、薪炭林、经济林等林种的轮回周期计划；回归年（择伐周期）则用于天然林按异龄林的经营中，根据材种或径级要求的 2 次主伐收获之间的间隔期；它们突出的特征都是注重对最终产品的收获利用而淡化了其他阶段的培育处理；与之相比，"全周期经营"概念上也是一种经营周期，但是在 2 个方面有改进：

①时间范围上强调了森林作为生态系统在提高稳定性和生产力目标下的整个发育过程，而不是以数量成熟、工艺成熟等单一利用目标

导向的短期过程，是"森林生态系统整体性原则"的时间表达。

②涵盖了针对森林各个发育阶段基本特征的各种促进性经营活动和作业处理，而不只是收获利用的作业，即"森林生态技术性原则"的表达，所以在全周期经营技术中，对成熟林木的主伐利用同时也是调整森林结构和促进森林更新的手段之一。

1.4.1 划分森林发育阶段

全周期经营的过程设计根据主导功能和林层结构不同，可以分为单层同龄林和复层异龄林两大过程类型。培育目标为复层异龄林的培育类型，全周期培育过程按建群阶段（造林或更新形成幼林）、竞争生长阶段（林分郁闭后快速高生长阶段）、质量选择阶段（林木强弱显著分化阶段）、近自然结构阶段（后期更新林木进入主林层而形成混交格局）、恒续林结构阶段（部分目标树达到目标直径）5个阶段进行设计。

复层异龄林培育类型的森林发育阶段的划分主要依据森林的正向演替进程，结合了森林自然演替特性和经营措施顺势促进阶段划分（图1-2）：

（1）森林建群阶段 即人工造林或天然更新到幼林郁闭的森林生长发育阶段。

（2）竞争生长阶段 即林分郁闭后林木通过竞争开始快速高生长的发育阶段，该阶段也是林分郁闭度最高的阶段，林下植被稀少。

（3）质量选择阶段 即大部分林木间出现明显的互斥竞争，导致林木显著分化，相邻竞争木之间表现出明显的胜出优势木和弱势被压木特征，部分弱势林木死亡，林下开始出现天然更新幼苗和幼树的发育阶段。

（4）近自然结构阶段 森林由于持续的互斥竞争和林下第二代更新生长，导致主林层树种结构出现明显交替变化，呈现个体差异显著和树种混交的发育阶段。

（5）恒续林结构阶段 林分中有部分优势木达到目标胸径、且林下天然更新大量出现，其他耐荫树种在自然生长状态下进入主林层，林分的径级分布呈倒"J"形的异龄林分布格局，形成稳定群落结构的森林发育演替阶段。

培育目标为单层同龄林、以木材生产为主兼顾其他功能的森林培育类型，全周期培育过程可以按传统方法划分为幼龄林、中龄林、近熟林、成熟林、过熟林5个阶段设计。森林发育阶段的划分沿用龄组的划分方式，通常

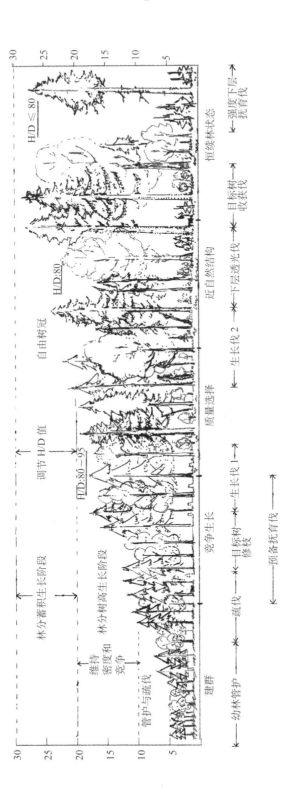

图1-2 复层异龄林培育类型的全周期发育阶段示意图

是把达到主伐龄的那个龄级或高一个龄级的林分划为成熟林；更高的龄级无论多少个均划为过熟林；比成熟林低一个龄级的林分划为近熟林；在近熟林以下，龄级数为偶数时，中龄林和幼龄林各占一半，如果龄级数为奇数，则多给幼龄林一个。就一个同龄人工林分而言，无论主伐龄长短，都可将其划分为幼、中、近、成、过熟林 5 个龄组而构成一个完整的经营周期。

1.4.2 确定森林发展目标

确定森林的发展目标非常重要，因为"全周期"就是指森林从造林或更新建群到实现发展目标时的整个时间周期。发展目标的表达有 3 种方式：①目标直径，②目标林相，③发展类型（本《指南》不做论述）。

（1）目标直径 目标树通过径向生长而达到经营目标、进入最佳利用临界点时的胸径，即是可利用径级范围的下限值，又称为理想直径。

异龄林经营的目标直径采伐利用原则是与同林龄经营中依靠龄级结构确定采伐时点的法正林观点相背离的，是用一个林分的某些优势单株树木的胸径尺度指标代替统一的林分成熟年龄，木材收获指标不再是年龄而是"目标直径"，由此来决定目标树是否采伐和什么时候采伐，并影响着各个抚育阶段的采伐林木和林分更新及演替的进程；因为抚育过程中原则上只是伐除那些影响目标树生长的上层林木；而主伐利用过程中，收获的每棵目标树都会在林分中留下一个林窗，使得林下幼树得到生长的机会而实现森林更新和演替。

每个树种（或者每个树种组）的目标直径定义是因立地条件和功能目标而异的，通常要根据立地条件、经济标准、木材质量、材种用途等指标来确定。从林业经济学角度看，随着林木采伐胸径标准的不断提高，木材的价格也在增长，经营的成本随之降低。

目标直径是全周期森林经营设计中的一个核心参数，目标直径的获得需要在系统设计和试验基础上采集大量林学与经济学结合的长期记录数据并分析后才能实现。我国主要林区、主要树种（组）的目标直径参数可参见 2018 年发布实施的《湖南省森林经营规划（2016—2050 年）》中的附件Ⅰ："湖南省主要树种经营特征表"中的"目标直径"一栏提出的具体数据。

（2）目标林相 所有森林经营都以追求森林的稳定性、高价值、多样化和美景化的森林特征为基本目标，目标林相是描述实现了这些特征时的目标森林状态，这个目标状态（目标林相）设计的核心因子包括树种组成、层次结构、林分密度和目标直径（或培育周期）、每公顷蓄积量水平等 4 个方面。

1.4.3　制定全周期培育过程表

全周期培育过程表是从森林发生发展到实现发展目标的全过程各阶段性林分特征和概念性经营处理的对应技术描述表。形式上可以用"年度"表达的时间过程或林分优势高代表的发育阶段与抚育经营对应的全周期过程表来描述。由于森林发育的长期性和复杂性，在森林发展目标与当前林分状态差异太大且森林发展过程信息不充分的情况下，也可以用逻辑过程图从起点到终点的概念性全过程来描述。这是适应全周期经营的复杂程度和生长动态信息不足的一个折衷处理，使得森林经营设计在一定信息透明度条件下按结构化模式执行，以提高设计的可行性和科学性。

与全国多功能近自然林业发展的步调一致，湖南省林业厅于 2018 年 10 月发布了《湖南省森林经营规划（2016—2050 年）》（湘林造〔2018〕8 号文），该规划提出了到 2050 年止未来 35 年的湖南全省的森林经营指导思想、规划原则、目标任务、经营分类、作业法体系、分区布局、经营策略、建设规模及保障措施等推行多功能近自然森林经营的战略设计，并设计提出了全省 45 个典型森林类型的全周期经营作业法技术框架，是第一个在省域范围内实现分区、分类、因林施策，科学指导全省森林经营的纲领性文件。标志着湖南省以建设健康稳定、优质高效的森林生态系统为核心目标，以多功能近自然森林经营理论技术为依托的全省现代森林经营体系基本形成。

2 树种特性和经营方式

　　湖南省世行贷款森林恢复经营项目提出的多功能森林生态系统经营管理作为一种新型模式，首要改进的就是树种选择和经营利用方法，在树种类型、使用面积、混交方式和作业管理模式等多个方面做出符合"生态文明"社会建设需求的基本设计。

2.1　树种选择的基本原则

　　多功能森林经营设计至少需要考虑未来 40 年经营期内的功能分类和不同树种对森林功能所承载着的表达可能。所以在树种选择方面，需要考虑如下基本原则。

2.1.1　因地制宜、适地适树

　　所选树种的生态学习性必须与栽植地的立地条件相适应。杉木和马尾松林分的立地最好不要连作而要更换其他树种，至少连续 2 代的杉木和马尾松林就应该更换建群树种，以保持立地—树种的适应性；湿地松是典型的热带区域树种，在低纬度的亚热带低地也可以良好生长，但在纬度大于 N26°的区域或海拔高于 400m 的地段不建议使用；不要把先锋树种补植到耐荫树种的林分内；栎类和大部分豆科树种具有自养和增加土壤肥力的作用，可广选择为伴生树种而提高森林长期的养分积累和土壤持续发育能力。

2.1.2　生态优先

　　项目的发展目标是增强选定的湖南省受冰灾影响的人工林的抗逆性和环境功能。纯林比混交林受灾严重，针叶树比阔叶树受灾严重，外来树种比乡土树种受灾严重，单层林分比复层林分受灾严重，过度利用比正常利用的受灾严重。这说明，过去在重视造林速度的同时，对造林质量和森林结构还重视得不够；在重视森林经济功能的同时，对森林生态功能还重视得不够；因此所选树种要有利于生态系统的结构稳定和发展进程顺利。

关于树种的近自然经营理论基础是，在没有人为因素作用下，在荒芜的土地上首先建立的总是单一树种的群落，就是那些具有耐贫瘠、耐极端环境因子或能快速生长等品质的先锋树种的群落；之后，在单优的先锋群落中开始出现其他物种，并且随着树种的增加或交替（先锋种向顶极种的变化），陆地生态系统才向着物质能量水平更高、系统更稳定和生产功能更强的方向发展。所以，如果把多功能森林的树种及其经营利用方式这个复杂的技术体系用一个关键而简明的概念表述时，就是尽可能地促进先锋树种林分向亚顶极或顶极树种林分过渡、促进单一树种森林向多树种混交森林过渡的树种选择和发展方向。

乔木树种的竞争演替类型

根据树种对光竞争表达出的林学和生态学特性而把优势树种划分为：①典型先锋树种；②长寿命先锋树种；③机会树种或伴生树种；④亚顶极群落树种；⑤顶极群落树种（陆元昌，张文辉等，2009）。具体的判别指标和树种定义表述如下：

典型先锋树种：多数是喜光和速生的但寿命较短的树种，一般只会在裸地或无林地上天然更新生长并构成单优群落的树种，如刺槐、山杨、白桦等。能够在植被恢复前期快速形成单优群落，但也会在20~30年间出现衰退，或被其他竞争性更强的树种逐渐替代。

长寿命先锋树种：喜光树种，能够以一个单优的群落长期（100年以上）稳定存在，其他树种能够在其林分下生长但是难以形成优势地位，如油松、侧柏等。该类型的特点是其林分很难实现自我更新的世代交替，除非在水肥条件好并有自然干扰或人工择伐形成林窗的环境下能够实现自我更新。人工促进天然更新或补植造林是维持该群落长期发展的一个主要因素。

机会树种或伴生树种：自然状态下难以形成优势群落而多为伴生树种出现在林分中是该类树种区别于其他树种最明显的特点，如构树、枫香、臭椿等。该类树种大多能够出现在不同演替阶段的森林群落里。

光特性多数表现为早期较耐荫，对光、水、热等因子的要求不是很高。

亚顶极群落树种：一般为早期耐荫植物，在条件好的地段能够实现林下天然更新而形成稳定的群落并长期存在，但存在有竞争性更强的树种可能取代这种树种而被逐步形成它的优势群落。相对于顶极树种群落来说，在灾变因素出现时也容易发生逆行演替。如北方地区的椴树、枫树等就属于这类树种类型。

顶极群落树种：群落演替后期的中性或耐荫树种，能够实现自我更新而保持群落长期稳定存在，除非发生极端灾害，否则不会被其他树种所代替。如华山松、栓皮栎等属于这类树种类型。

这个序列的划分主要根据树种在群落发展演替中的相对竞争能力和在群落中的优势程度等指标，其划分受到地理气候区域和立地条件的影响。虽然只是在部分试点地区取得了初步的结果，并意识到树种的这个分类体系是与特定地理区域相关的，但是这种分类参考却能提高经营森林的长期稳定性。应用操作的原则是处于演替后期（指示值高）的树种可以补植或保留在指示类别低的树种组成的林分中，但不能反过来进行设计和操作。

2.1.3 多目标兼顾

兼顾社会、经济、景观统一发展的可持续森林经营原则。因为经营生态林缺少收入，影响到林农的生活，那么在遵守生态林管理规定的条件下，在项目生态林恢复过程中，造林和恢复模型可以灵活地包括种植一些当地药用植物和经济林木，比如药用植物、板栗、核桃等，以解决项目受益人的收入问题。

2.1.4 以乡土树种为主

乡土树种经过长期的自然选择，对本地区的自然环境条件适应能力较强，特别是对灾害性气候因子的抵抗力较强，易于形成稳定的林分。

2.2 湖南省主要经营树种概况

多功能森林经营的一个基本特征就是经营混交林，因为树种是实现森林功能的基本要素，所以对树种特性的认识和应用选择及组合设计，是多功能经营设计的第一个也是最重要的技术环节。与森林经营有关的主要树种特性包括利用价值、培育周期、对土壤肥力的影响、保水保土能力、耐旱抗火能力和景观美学特性等。在此给出湖南省54种可选树种的名录及其利用价值特征（表2-1），这些树种的生态功能、极端气候忍耐性、耐荫性、适应立地和垂直分布范围等基本信息见附件Ⅱ。

表2-1　主要树种及其利用价值特征类型表

序号	中文名	学名	代码	价值[①]	目标直径[②]
1	杉木	*Cunninghamia lanceolata*	CuLa	n	45+
2	南方红豆杉	*Taxus chinensis* var. *mairei*	TaCh	h	35~60+
3	马尾松	*Pinus massoniana*	PiMa	n	50+
4	柏木	*Cupressus funebris*	CuFu	p	35+
5	湿地松	*Pinus elliottii*	PiEl	n	45+
6	日本落叶松	*Larix kaempferi*	LaKa	n	45+
7	水杉	*Metasequoia glyptostroboides*	MeGl	p	60+
8	木荷	*Schima superba*	ScSu	n	50+
9	青冈	*Cyclobalanopsis glauca*	CyGl	n	45~70
10	苦槠	*Castanopsis sclerophylla*	CaSc	p	50+
11	楠木	*Phoebe zhennan*	PhZh	h	65~80
12	刨花楠	*Machilus pauhoi*	MaPa	h	45~70
13	山杜英	*Elaeocarpus sylvestris*	ElSy	p	35+
14	香樟	*Cinnamomum camphora*	CiCa	p	45~70
15	沉水樟	*Cinnamomum micranthum*	CiMi	p	45~70
16	甜槠	*Castanopsis eyrei*	CaEy	p	35~60
17	赤皮青冈	*Cyclobalanopsis gilva*	CyGi	h	45~60
18	麻栎	*Quercus acutissima*	QuAc	p	55+
19	白栎	*Quercus fabri*	QuFa	p	50+
20	黄檀	*Dalbergia hupeana*	DaHu	h	45+
21	合欢	*Albizzia julibrissin*	AlJu	h	45+
22	木莲	*Manglietia fordiana*	MaFo	n	45+
23	枫香	*Liquidambar formosana*	LiFo	n	35+
24	檫木	*Sassafras tsumu*	SaTs	n	45+

（续）

序号	中文名	学名	代码	价值①	目标直径②
25	南酸枣	*Choerospondias axillaris*	ChAx	n	45+
26	鹅掌楸	*Liriodendron chinensis*	LiCh	p	45+
27	光皮桦	*Betula luminifera*	BeLu	n	45+
28	苦楝	*Melia azedarach*	MeAz	n	45+
29	刺槐	*Robinia pseudoacacia*	RoPs	n	45+
30	臭椿	*Ailanthus altissima*	AiAl	n	45~60
31	香椿	*Toona sinensis*	ToSi	p	35~60
32	毛红椿	*Toona ciliata* var. *pubescens*	ToCi	h	35~50
33	银杏	*Ginkgo biloba*	GiBi	p	55+
34	含笑	*Michelia figo*	MiFi	n	50+
35	五角枫	*Acer elegantulum*	AcEl	n	40+
36	山樱花	*Cerasus serrulata*	CeSe	n	35+
37	桂花	*Osmanthus fragrans*	OsFr	n	35+
38	栾树	*Koelreuteria bipinnata*	KoBi	n	45+
39	石楠	*Photinia serrulata*	PhSe	n	35+
40	拟赤杨	*Alniphyllum fortunei*	AlFo	n	35+
41	木棉	*Gossampinus malabarica*	GoMa	n	50~60
42	榉木	*Zelkova schneideriana*	ZeSc	h	60+
43	锥栗	*Castanea henryi*	CaHe	p	45+
44	凹叶厚朴	*Magnolia officinalis* subsp. *biloba*	MaOf	n	30+
45	栓皮栎	*Quercus variabilis*	QuVa	P	60+
46	黄柏	*Phellodendron amurense*	PhAm	n	55+
47	毛竹	*Phyllostachys pubescens*	PhPu	n	—
48	杨梅	*Myrica rubra*	MyRu	n	35+
49	泡桐	*Paulownia fortunei*	PaFo	n	45+
50	乌桕	*Sapium sebiferum*	SaSe	n	35+
51	板栗	*Castanea mollissima*	CaMo	n	45+
52	核桃	*Juglans regia*	JuRe	n	45+
53	油茶	*Camellia oleifera*	CaOl	n	—

（续）

序号	中文名	学名	代码	价值①	目标直径②
54	桤木	*Alnus cremastogyne*	AlCr	n	45+

注：①价值类型：h为珍贵高价值树种，p为珍贵树种，n为一般树种；②目标直径：给出下限值，"＋"号意义为可在本下限值以上20 cm范围内据实际情况取任意值收获利用。

项目使用的树种根据叶片的形态可以分为针叶树种和阔叶树种，还包括竹类，根据树种的利用价值又可分为一般树种、珍贵树种和高价值树种。

（1）**针叶树种**　有杉木、马尾松、湿地松、柏木、南方红豆杉、日本落叶松、水杉等7种。

（2）**阔叶树种**　包括木荷、青冈、苦槠、楠木、山杜英、香樟、沉水樟、甜槠、黄檀、合欢、木莲、枫香、檫木、南酸枣、鹅掌楸、麻栎、刨花楠、光皮桦、刺槐、臭椿、香椿、含笑、五角枫、山樱花、栾树、榉木、锥栗、栎类、凹叶厚朴、杨梅、板栗、核桃、油茶等46种。

（3）**毛竹**　按项目要求毛竹只作为与乔木树种混交经营兼顾经济收益的公益性生态林使用。

（4）**高价值珍贵树种**　有楠木、赤皮青冈、黄檀、南方红豆杉、毛红椿、榉木、刨花楠等7个树种。

（5）**珍贵树种**　有樟树、银杏、沉水樟、山杜英、鹅掌楸、白栎、苦槠、甜槠、锥栗、麻栎、柏木等。

（6）**景观美化树种**　根据树种具有的特别景观美学效果划分的一个类型，项目的这类树种有枫香、银杏、鹅掌楸、栾树、五角枫等。

（7）**特殊立地适生树种**　一些树种在立地生境适应性、功能和利用方面有特殊要求，项目的这类树种包括：日本落叶松、鹅掌楸，适合项目区的高寒地区使用；柏木、刺槐、苦楝，适合紫色岩、石灰岩地区；水杉，适合种植于湿润地区、水边；木荷、杨梅，适合作为防火树种；凹叶厚朴、黄柏，适合非木质产品兼顾的经营类型中作为药用树种；油茶、核桃、板栗，适合在兼用林中作为经济林混交树种。

根据项目的目标和近自然森林经营的基本原则，本项目应尽可能选择使用乡土树种用于造林恢复工作，表2-1所示的主要树种中，除日本落叶松和湿地松外，其他均为湖南省乡土树种。

2.3 树种特性及其经营利用方式

主要树种的生态功能和经营特征对造林经营的树种选择非常重要，附件Ⅱ给出项目主要树种的林学特征、生态功能及其适生的气候条件、土壤立地等相关的知识要点。以下给出根据具体地段环境条件选择树种可以参考的基本原则：

(1) 从利用价值角度看要参照和选择能大大提高森林生物量和蓄积量的树种，考虑将现有的大量短周期一般速生树种向长周期顶极或珍贵树种为主的近自然森林导向经营。

(2) 树种的培育和经营周期由其目标胸径和树种更新年龄的分析和设计确定，与树种的生长速度有关；树种对光需求的特性会影响林分的空间配置，从而影响森林整体生物量生长和积累的水平。

(3) 土壤肥力是矿物土壤与植物群落共同作用的结果，所以考察和选择树种对改进土壤肥力的作用十分重要，这个指标涉及对固氮的、高效利用养分的、深根型的、大落叶量的、促进有机体分解的等可选树种特性，而某些树种还具有减少森林其他树种间的养分竞争压力。

(4) 森林的水源涵养和保持水土功能与组成树种的落叶量和落叶分解特性、根系类型和根系数量等特性有关，这些特性通过影响土壤孔隙度、土壤生物含量或土壤腐殖质积累速度和数量等影响到森林的保水保土能力。

(5) 某些树种的耐旱或耐火特性为整个森林的稳定和安全提供了更多保障途径，而不同树种或同一树种在不同时期在改进森林的微观和宏观景观价值方面又有不同的作用。

森林经营模型设计 3

本《指南》定义的森林经营模型是指林地空间上不一定相连但是其自然性质基本一致、具有相同的经营目标和功能导向、并采取相同经营措施的一类林地或林分的集合总体（对象类型），即森林经理学中"经营类型"的概念。为适应项目多语言表述和操作的方便而用"经营模型（management model，MM）"加以表述。经营模型设计与小气候条件、树种特性、立地和土壤、功能定位和经营条件等因素有关，提出在这些因素影响下的经营模型设计是本章的重点内容。

3.1 多功能森林经理计划的技术体系设计

冰雪受害森林恢复项目需要按照森林经理计划（forest management planning，FMP）的基本原则来设计组织各项经营活动，森林经理计划体系由树种特性表、森林经营模型、具体地段的林分模式（stand model，SM）及本模式希望实现的目标林相（target stand profile，TSP）等有内部联系的技术要素构成，达到规定和导向具体地段森林经营计划和活动的目标。

3.1.1 森林经营模型

森林经营模型是项目用于区分和组织各类经营活动以及计算造林经营投入的一级经营对象。也就是说，在不同地段实施的同一个经营模型可能由于立地的差异会有树种配置和作业措施等方面的不同，但项目计划的单位面积的经费投入却是一样的。

作为基本要求，本《指南》中提出的森林经营模型都是混交林。混交林是由两个或两个以上树种组成的森林，树种构成可以有一个主要树种和多个混交树种，但是每个树种以株数、断面积或材积计的比例一般应不少于总量的 20%。层次上可以形成单层次或多层的垂直林分结构。为此，表 3-1 所示的森林经营模型全部都是混交林。

从生态观点来说，营造混交林可以达到以下效果。

（1）充分利用空间和营养面积 通过耐荫性（喜光与耐荫）、根型（深根性与浅根性、吸收根密集型与吸收根分散型）、生长特点（速生与慢生、发芽与落叶迟早不同、前期生长型与全年生长型），以及嗜肥性（喜氮与喜磷，及其吸收利用的时间性）不同的树种的搭配，可较充分利用地上地下空间，有利于在不同时间和不同层次范围利用光照、水分和养分。

（2）改善立地条件 混交林较之单纯林，林内光照减弱，气温、地温略低而变幅小，风速降低，蒸发量减少，空气湿度增加，有利于改善林内小气候。混交林的冠层厚，叶面积指数较大，枯落物较多，成分较复杂，比单纯林更能提高土壤肥力。

（3）提高林产品的数量和质量 混交林能够充分利用外界环境条件和树种间相互促进的有利作用，光合作用的效率高，可以在同一时间内积累较多的有机物质，因而总蓄积量和生物量比单纯林高。混交林中的主要树种在伴生树种的辅佐下，主干长得通直、圆满，自然整枝迅速，干材质量亦较单纯林好。

（4）发挥更好的防护效益 森林的防护效益很大程度上取决于林分结构。混交林林冠浓密，根系深广，枯落物丰富，地上地下部分结构比单纯林复杂，在涵养水源、保持水土、防风固沙，以及其他防护效益方面都优于单纯林。

（5）增强抗御自然灾害的能力 混交林与单纯林比较，由于树种多，生境条件好，使一些害虫或病菌失去大量繁殖的生态条件，同时在复杂环境条件下，寄生性昆虫、菌类等天敌增多，又招来各种益鸟益兽，因而混交林的病虫害不像单纯林那么严重。混交林内温度低，湿度大，风速小，各种可燃物不易着火，因而火险性小。针阔叶混交林有阔叶树的隔阻，可以防止树冠火和地表火的蔓延和发展，不像针叶树单纯林那样一旦发生火灾，便成燎原之势，难以扑救。混交林对不良气象因素的抗性较强。如深根性树种与浅根性树种混交，可以减轻风害；常绿针叶树与落叶阔叶树混交，可以减轻雪压、雪倒等。

混交林能够充分利用外界环境条件和树种间相互促进的有利作用，光合作用的效率高，可以在同一时间内积累较多的有机物质，因而总蓄积量和生物量比单纯林高。混交林中的主要树种在伴生树种的辅佐下，主干长得通直、圆满，自然整枝迅速，干材质量亦较单纯林好。

表3-1 项目实施的森林经营模型简表

森林经营模型	目标林相和优势树种[①]	适用立地和林分现状	可选的其他混交树种	主要作业措施
1.针叶树＋一般阔叶树造林经营模型(MM1: conifer + broadleaf management model)	杉-檫-枫-栎	中高海拔段的山麓、山坡下部，郁闭度小于0.5的退化林	杉木与山杜英、石楠等一般阔叶树种	种苗、整地、造林、幼林管护
	马-枫-荷-檫	低海拔山麓、山坡下部、郁闭度小于0.5的退化林	马尾松与一般阔叶树种	种苗、整地、造林、幼林管护
	湿-枫-酸-荷	低海拔地区、平丘区，郁闭度小于0.5的退化林	湿地松与一般阔叶树种	种苗、整地、造林、幼林管护
	马-核桃-板栗	中低海拔山麓、全坡，郁闭度小于0.5的退化林	木荷、五角枫、香椿、南酸枣	种苗、整地、造林、幼林管护
2.针叶树＋珍贵阔叶树造林经营模型(MM2: conifer + precious broadleaf management model)	杉-楠-楸-栎	中高海拔坡中上部	杉木与珍贵阔叶树种	种苗、整地、造林、幼林管护
	马-榉-樟-栎	坡中上部、脊部	马尾松与珍贵阔叶树种	种苗、整地、造林、幼林管护
	柏-槐-合	坡上部或山脊，石灰岩、紫色岩立地，郁闭度小于0.5的退化林	柏木与锥栗等珍贵阔叶树种，立地特别贫瘠时臭椿可伴生	种苗、整地、造林、幼林管护
	落-锥-楸	高海拔地段，郁闭度小于0.5的退化林	落叶松与珍贵阔叶树种	种苗、整地、造林、幼林管护
	多树种景观游憩科教经营型	景观保持或生态地位重要的特殊地段，有景观教育文化服务的特殊需要	尽可能丰富的针叶和阔叶树种	种苗、整地、造林、幼林管护
3.阔叶树混交林造林经营模型(MM3: mixed or pure broadleaf management model)	枫香-木荷-木莲	低海拔山麓、山坡下部、多代连作针叶纯林或是存在立地退化迹象的地段	软阔叶树种	种苗、整地、造林、幼林管护
	桦木-五角枫-刺槐	中高海拔山坡下部或全坡、现有主林层退化的针叶或阔叶林	软阔叶树种	种苗、整地、造林、幼林管护

（续）

森林经营模型	目标林相和优势树种①	适用立地和林分现状	可选的其他混交树种	主要作业措施
4.高价值珍贵阔叶树造林经营模型(MM4: high value and precious broadleaf management model)	黄檀-楠木-阔叶混交	低海拔、背风向阳、水肥条件好、红壤立地，郁闭度0.5以下的残留阔叶林	保留和促进其他寄生或伴生的阔叶树种	种苗、整地、造林、幼林管护，促进天然更新幼树
	楠木-甜槠-阔叶混交	高海拔地区，坡度大于25°的受害林，阔叶树存在	保留和促进其他寄生或伴生的阔叶树种	种苗、整地、造林、幼林管护，促进天然更新幼树
5.促进更新和补植的针叶树＋一般阔叶树经营模型（MM5: improving and enrichment with conifer + broadleaf model）	杉-檫-枫-栎	高海拔区域、贫瘠至中等立地，林分已经存在800～1200株/hm²的天然更新幼苗幼树	一般阔叶树种	促进天然更新的各类措施+补植造林
	马-枫-荷-檫	低、中海拔段，林分已经存在800～1200株/hm²的天然更新幼苗幼树	一般阔叶树种	促进天然更新的各类措施+补植造林
	湿-枫-酸-荷	低海拔地区、平丘区，存在800～1200株/hm²的天然更新幼苗幼树	一般阔叶树种	促进天然更新的各类措施+补植造林
6.促进更新和补植的针叶树＋珍贵阔叶树经营模型(MM6: improving and enrichment with conifer + precious broadleaf)	杉-楠-楸-栎	高海拔区域、优良立地，林分已存在800～1200株/hm²的天然更新幼苗幼树	补植珍贵阔叶树种	促进天然更新的各类措施+补植造林
	马-榉-樟-栎	低、中海拔区域、山麓或山坡中下部优良立地，林分已经存在800～1200株/hm²的天然更新幼苗幼树	其他常绿珍贵阔叶树种	促进天然更新的各类措施+补植造林
7.竹乔混交经营模型(MM7: enrichment with tree + bamboo)	竹-乔混合经营型	受冰灾严重，土层薄，坡度大，有滑坡和水土流失风险的竹林	可选补植杉木、红豆杉、锥栗、含笑等耐荫深根型乔木树种	竹林经营法，需要包括阔叶树种
8.人工促进天然更新经营模型(MM8: natural regeneration with treatment)	简化结构的近自然阔叶树林分	在高海拔、立地条件瘠薄、坡度较大地段，主林层完全受损退化但存在天然更新大于每公顷1200株的地段	有选择地保留天然更新的高价值或优势群落树种	促进天然更新的各类措施

注：①优势树种的简称如下所示，马：马尾松；枫：枫香；荷：木荷；檫：檫树；酸：南酸枣；栎：栎树；柏：柏木；槐：槐树；合：合欢；落：落叶松；锥：锥栗；楸：楸树。

在湖南森林恢复项目中执行的混交林经营模型一共设计有8个，包括4个造林恢复经营模型、2个补植促进恢复经营模型、1个竹乔混交林经营模型和1个促进天然更新的恢复经营模型。表3-1给出的项目实施森林经营模型设计简表反应了项目的基本目标：实现可自我更新的恒续林。所以，在每个森林经营模型下需要根据具体立地和环境差异在树种选择配置方面会有所不同，即同一个经营模型（MM）下会根据立地和区位的差异有不同的树种配置或目标林相，但是这些不同目标林相的林分在森林经营目标、作业措施处理和费用成本投入方面都是一致的。

作为经营模型的进一步细化是目标林相，一种未来达到森林培育目标的树种构成和垂直结构的简要描述。表3-1中的不同树种组合的目标林相是指导作业设计中考虑立地适应的造林树种选择，加上促进天然更新苗木生长的抚育措施和可变株行距或群团状的补植措施，保证尽快形成结构丰富功能稳定的近自然森林。

3.1.2　组织林分模式

由于立地环境和具体地段的特征不同，一个森林经营模型下可能再划分出不同的林分模式来导向具体的森林经营活动。林分模式（stand model）是在一个森林经营模型内根据立地和功能要求差异而设计的、与特定立地和树种组成相关的、经营目标和培育方法长期稳定的具体林分实施模式。所以一个具体的林分模式设计由三个部分构成，即目标林相（target stand profile，TSP）、当前作业措施（present operation measures，POM）和生命周期经营计划（life-circle management plan，LCP）设计等3个方面的内容。其中，当前作业措施是森林恢复和发展项目支持的林分作业内容。

所有模式的根本目标都是要实现可自我更新的恒续林，项目的经营施工设计应包括立地适应的树种选择、适应林地现有林木格局和天然更新状况的可变株行距或群团状补植设计，以充分利用现有的林木和天然更新格局形成近自然状态的森林。因此，以生态效益为主导的多功能森林经营的林分模式设计包括了建群树种组成、最佳生长区域、森林主导功能、目标林相结构、更新培育体系等几方面的设计和说明。

具体恢复经营模型设计中需要考虑到实施区域特定的问题和生态环境条件，通过设计相应的措施来克服这些问题和适应环境条件，并尽可能在选择对象区域时考虑到景观层面生态恢复的需要，比如在条件可能时选择一个较为完整的"一沟夹两坡"的地貌空间作为项目区，或与这样的地貌空间为参考，根据沟谷—山麓—山坡—山脊等不同地段水分养分的自然差异，考虑人类活动可及程度、野生动物的食物源和栖息地保护和规划需要、社会景观美学文化需求不同等因素，通过不同地段有针对性的经营模型设计和实施，实现景观层面较为完整的生态系统空间格局恢复的效果。

3.1.3 目标林相设计

由于林分是一个由有生命的树木及其生长动态过程构成的集合对象，森林经理计划通常用林分生长基本达到稳定的结构和功能状态的目标林相来表达具体地段的林分概念，即某个林分模式常常可以用"目标林相"加以表述而先屏蔽其实现的作业措施和培育过程计划。为提高项目实施的可行性，我们在必要性原则指导下简化了定义。项目使用的"目标林相"是在特定经营模型的范畴内根据具体地段的自然条件和经营可能的限制而确定的对未来森林的树种构成和垂直结构的简要描述，其名称一般由建群树种加林分主导功能构成，如"杉木－檫木－枫香混交大径级林木培育型"、"樟－楠－楸珍贵树种培育型"等。在确定了具体林分的目标林相的名称后，通过对建立方式、希望的状态，密度、目标胸径、混交比、层次结构等技术内容的简要描述，成为引导项目实施到具体林地的基本技术描述。

3.2 主要森林经营模型和目标林相

以下给出森林修复项目的 8 个森林经营模型（MM1~MM8）和所属的目标林相设计。森林经营模型的定义概念设计在 3.1.1 节已经给出。而目标林相是要对具体森林经营的目标状态做出规划，简要说明未来林分的结构和树种组成、生产目标和服务功能、补植和更新方法、适用条件等内容。简单地说就是要说明具体林分的名称、建立方式、希望的状态，以及密度、目标胸径、混交比、层次结构等内容。

● 目标林相案例

例如，第六个经营模型"促进更新和补植的针叶树＋珍贵阔叶树经营模型 (MM6：improving and enrichment with conifer + precious broadleaf)"是在立地条件较好的地段，针对上层存在受损的人工针叶主林层的现状，设计通过上层抚育和下层补植珍贵阔叶树种使其恢复为具有生态 - 经济高价值前途的针阔混交林。该模型针对受损杉木人工林迹地设计了目标林相 TSP 6a 号：杉－楠－楸－栎（CuLa-PhZh-LiCh-Qusp）硬阔混交林补植培育型，这里给出其具体描述。图 3-1 是这个目标林相实施后的林分实况图。

TSP 6a　　　杉－楠－楸－栎（CuLa-PhZh-LiCh-Qusp）
硬阔混交林补植大径材培育型

目标功能主要是抗低温和雪灾，防止水土流失。主要分布于湘南和湘西北区域。目标林相是上层为杉木、下层为桢楠、鹅掌楸、栎类等阔叶树构成的复层混交林，珍贵树种的目标胸径 60cm，林下具有群团状幼苗幼树天然更新层。

在 400m 以上垂直带，高海拔区域、优良立地，选择天然更新良好的杉木退化的地段，林分存在 800~1200 株/hm² 的天然更新幼苗幼树，通过小片状林下补植优良树种桢楠和鹅掌楸等两个顶极群落树种而导向经营，补植原有密度的 10%~50% 苗木，使林地逐步向珍贵乡土阔叶林的方向经营。

这三个阔叶树种是这个地段适生的树种，具有良好的早期耐荫性和强大的后续生长能力，树高可达 40m 和胸径 1m 以上；也可用于多代杉木退化林地改造的首选，前提是立地等级较好，才能在生态修复的同时尽快实现优良材培育目标。

采用小片状林下补植或迹地造林，按目标树单株抚育作业体系经营，目标胸径 60cm，培育周期 40 年以上。选择目标树后，每 10 年一次进行促进目标树生长的抚育采伐，直到达到目标胸径的林木出现为一个经营周期。

● **特殊情况的适应性处理**

如前所述，设计使用的 8 个森林经营模型均为混交林。特别地，如果模型实施可能影响到签约方处于少数民族山区的生计或实际收益，在造林恢复经营模型设计中可以考虑增加板栗、核桃、黄连木等经济或药用植物来提高生态林的多功能利用价值，最终使林农受益。虽然其目标森林仍然是生态功能主导的森林而不是经济林，但考虑到非木质产品的采集利用，也就是说种植板栗、核桃等要用 2 年生实生苗，可与其他树种混交，在生长过程中要与

图 3-1 在立地条件较好的受损杉木人工林中实施补植经营模式中的第 TSP 6a 号目标林相 "杉-楠-槭-栎（CuLa-PhZh-LiCh-Qusp）"硬阔混交林补植大径材培育型"的林分。图为林下小块状补植楠木幼树 2 年后的林况，主林层伐除劣质木保留目标树后郁闭度维持在 0.4 左右，林下补植珍贵阔叶树成活率和生长良好。

其他生态林模型经营措施有所区别，采取林下部分地段的除草松土和施肥等人为耕作处理，以便提高非木质产品成分的质量和利用价值。

另一方面，食物源特征的树木结出的果实可以采收为社区的收成，也可以是野生动物的食物源，起到提高森林生态系统多样性和活力的基础支持作用。

这个差异性的处理可以通过不同的经营模型实现，也可能在同一个模型中的不同目标林相得到体现。

3.2.1 针叶树 + 一般阔叶树造林经营模型（MM1）

针叶树 + 一般阔叶树造林经营模型（MM1：conifer + broadleaf management model）是需要通过完全造林恢复的一般针阔混交林经营模型。该模式适用于立地条件较差的山麓地段或大部分山坡地段的退化针叶林，通过在当前受损的针叶林内营造枫香、檫木等一般阔叶树种来实现退化林分的快速恢复。

这个经营模型下的目标林相设计可以是"马尾松－枫香－木荷－檫木"等5种林分类型，这5个目标林相设计详见本指南后的附件Ⅰ"主要经营模型和目标林相设计表"中的具体描述。图3-2是第一个经营模型"针叶树＋一般阔叶树造林经营模型(MM1)"中的"杉木－杜英－石楠(CuLa-ElSy-FhSe)混交林景观兼顾型培育模式"于造林后第2年的林分现状图。

3.2.2 针叶树 + 珍贵阔叶树造林经营模型（MM2）

针叶树 + 珍贵阔叶树造林经营模型 (MM2: conifer + precious broadleaf management model) 可以是适应于地处高海拔但水分条件较好的山麓地段现有退化杉木林分，或中低海拔地段立地条件较好的受损马尾松林分，通过针叶树种与珍贵阔叶树混交造林恢复生态系统，同时有长期珍贵树种培育的森林文化服务的功能。该经营模型选取以培育大径级珍贵阔叶树种为目的的目标树单株择伐作业。其目标林相是"杉－楠－楸－栎"等林分模式。其中楠木、鹅掌楸等珍贵树种的栽培和文化承载历史悠久。栎类为顶极群落树种能长期稳定生长，并且能为小动物提供食物源，提高森林生态系统的生物多样性。

3.2.3 阔叶树混交林造林经营模型（MM3）

阔叶树混交林造林经营模型 (MM3: mixed or pure broadleaf management

图 3-2　针叶树 + 一般阔叶树造林经营模型（MM1）中的"杉木 - 杜英 - 石楠 (CuLa-ElSy-FhSe) 混交林景观兼顾造林模式"于造林后第 2 年的林分现状图。该模式适应于中高海拔段的山麓或山坡下部水源涵养、水土保持和景观美化功能突出的地段，对郁闭度小于 **0.5** 且没有天然更新的退化林地通过造林而恢复森林。

图3-3 阔叶树混交林造林经营模型 (MM3: mixed or pure broadleaf management model) 的新造林地。在有立地退化迹象的地段里使用这个经营模型来克服生态系统脆弱退化的风险。使用枫香、栎树等一般乡土阔叶树种，并保留原有油桐等天然更新幼树，以起到快速恢复森林生态系统稳定性和正向发展的功效。本经营类型的目标林相是枫香、栎树等乡土阔叶树构成的混交林。

model) 可以是适应于坡度较大、土壤瘠薄、立地差的现有受害林地，特别是在多代连作针叶纯林或是存在立地退化迹象的地段使用，在这些条件下有必要使用这个经营模型来克服生态系统的脆弱特征，起到长期森林生态系统稳定和正向发展的功效。本经营类型的目标林相是枫香、栾树等乡土阔叶树构成的混交林或单一乡土树种的阔叶林等几个林分模式（图3-3）。

3.2.4 高价值珍贵阔叶树造林经营模型 (MM4)

珍贵高价值阔叶树造林经营模型 (MM4：high value and precious broadleaf management model) 适应于水分条件和立地条件较好的中高海拔地段，在阔叶树种存在的地区，保留和促进其他寄生或伴生阔叶树种的前提下通过小块状混交珍贵树种黄檀、楠木等，引导林分逐步向珍贵阔叶林方向经营（图3-4）。例如，TSP4a、4b等目标林相，详见附件 I "主要经营类型和目标林相设计表"中的具体描述。

3.2.5 补植的针叶树 + 一般阔叶树经营模型 （MM5）

补植的针叶树 + 一般阔叶树经营模型 （MM5：improving and enrichment with conifer + broadleaf model） 属于需要补植恢复的森林经营模型。

该模式适用于800m以下土壤和水分条件一般的退化针叶林，且受损林分已经存在每公顷800~1200株天然更新幼苗幼树。这样的林地中已经出现萌生的杉木和天然下种实生的油桐幼树，这些幼苗幼树可以通过间株、定株来去弱留强，对于保留个体采用割灌、修水肥坑等抚育措施改进条件而加速幼树生长，在天然更新不足的地段可采用群团状或小片状补植枫香、木荷、檫木等一般阔叶树种，即可使林地得到快速恢复和质量进步（图3-5）。

3.2.6 补植的针叶树 + 珍贵阔叶树经营模型 (MM6)

补植的针叶树 + 珍贵阔叶树经营模型 (MM6：improving and enrichment with conifer + precious broadleaf) 主要适用于立地条件优良、天然更新良好的中高海拔（400 m以上）地段杉木受损退化林或中低海拔（400 m以下）山麓或中下部立地条件优良、天然更新良好的马尾松受损退化林，需要现有林分存在每公顷800~1200株的天然更新幼苗为前提条件。该模型设计有 "TSP 6a: 杉－楠－楸－栎（CuLa-PhZh-LiCh-Qusp）硬阔混交林补植培育型" 等2个目标林相的林分类型（图3-6），详见附件 I 中的相关描述。

图 3-4 高价值珍贵阔叶树造林树经营模式 (MM4:high value and precious broadleaf management model) 的造林地，目标林相为 "**TSP4a:** 黄檀－楠木－阔叶树种 (DaHu-PhZh-LiCh) 混交生态保护培育型"。在垂直分布 **800m** 以下的背风向阳、水肥条件好的红壤立壤立地的受害林地，通过小块状混交造林，使用楠木造林 (左图)，同时保留原有散生的黄檀珍贵树种的优势幼树 (右图)，实现森林恢复目标。

图 3-5　补植的针叶树 + 一般阔叶树经营模型 (MM5) 案例，主导的功能目标是抗干旱改贫瘠、提高涵养水源能力，主要用于湘南、湘北和湘西北区域。选择天然更新较好的马尾松退化的地段，伐除上层受损后没有培育前途的林木并保留少数优势的马尾松，通过群团状林下补植优良树种枫香、木荷、檫木等 **3** 个树种导向经营，使林地逐步向乡土阔叶林的方向经营。目标林相为 **TSP 5b:** 马 − 枫 − 荷 − 檫（PiMa-LiFo-ScSu-SaTs）大径级混交林木补植培育型。图中所示为在退化马尾松林内补植的一般阔叶树种檫木幼树。

图 3-6 补植的针叶树 + 珍贵阔叶树经营模式 (MM6: improving and enrichment with conifer + precious broadleaf) 案例，在 400m 以下垂直带，低、中海拔区域，山麓或中下部优良立地条件下，伐除上层受损后没有培育前途的林木并保留少数优势的马尾松，通过群团状林下补植珍贵树种香樟、楠木、麻栎等树种，并改进林下天然更新树种生长条件，使林地逐步向乡土阔叶混交林的方向经营。

实施要点上，对于天然更新幼苗幼树可以通过间株、定株来去弱留强，对于保留个体采用割灌、修水肥坑等抚育措施改进条件而加速幼树生长，在天然更新不足的地段可采用群团状或小片状补植桢楠、鹅掌楸等高价值顶极群落树种，使林地逐步导向珍贵乡土阔叶林的方向。该模式采用低强度作业目标树单株择伐作业法经营。

3.2.7 竹乔混交林经营模型 (MM7)

竹乔混交林经营模型 (MM7：enrichment with tree + bamboo) 的目标林相是有竹、阔混交的复层林。在受冰灾严重、土层薄坡度大有滑坡和水土流失风险的竹林，改造当前竹林向竹－阔混交林导向经营，补植耐荫、较耐荫乔木树种，每公顷补植 75~150 株，形成支撑木，提高竹林抵抗雪压、冰冻、滑坡等灾害因子的能力。

需要明确的是，依赖于高投入和全过程人工经营的生产性纯竹林经营模型不属于多功能森林经营的模式，所以不在世界银行项目的支持范围内。

但是，由于竹林是一个与村民生计密切相关的速生自然资源，自然生长状态下单纯竹林与竹乔混交林相比具有高生长不大、容易风倒和滑坡等弱点；而在竹乔混交林中，由于乔木的支撑和侧方竞争机制影响，大部分竹子生长的弯梢"低头"时间较晚，高生长较大，从而带来更大的生物量，并有更强的固定坡面能力和更好的林分抗风倒抗雪压能力，如图 3-7 所示。所以适当降低竹林的利用强度，培育竹乔混交林是使受害竹林生态恢复和科学利用的基本方向。

3.2.8 人工促进天然更新经营模型 (MM8)

人工促进天然更新经营模型 (MM8：natural regeneration with treatment) 是在高海拔、坡度较大、立地条件瘠薄、存有天然更新大于 1200 株 $/hm^2$ 的地段使用的、完全通过多种促进性抚育经营处理而将现有受损森林培育为简化结构的近自然阔叶林的经营模型。

本经营模型的主要作业是识别出有价值的幼树幼苗，采取劈除多余萌芽条、割除缠藤、割除上方或侧方遮阴的灌木和杂草、在幼树根部做反坡向的鱼鳞坑并尽可能采集堆入周边枯落物来改善幼苗幼树根部的水肥状态，使林地逐步向乡土阔叶林导向经营。

这个模式是本项目中对森林抚育经营技术要求很高的一个模式，由于天

图 3-7 竹乔混交经营模式 (MM7：enrichment with tree + bamboo) 案例。改造当前受损的竹林向竹 – 阔混交林方向（左图）经营，在林下补植耐荫的乔木树种，如右图所示为竹林下补植的楠木幼树。目标林相是竹 – 阔混交的复层林。

然次生林不在项目的范围之内，而大部分现有的人工林又缺乏有效的天然更新能力，所以选择作业对象林分要特别认真，通常可选择利用人工阔叶纯林或人工杉木林等萌生力强的林分，利用其天然更新能力加人工促进和补植处理以实现更快的森林恢复，同时减少投入、提高修复林分的树种多样性（图 3-8）。

图 3-8　实施抚育促进天然更新经营模型（MM8）的受损杉木林地案例

经营模型与适用立地环境 4

本章的主题是把森林经营的"适地适树"原则通过具体林分模式（目标林相）与坡度坡位、海拔范围、土壤类型、特殊立地（特别树种）等 4 个关键立地环境指标的综合分析和安排加以表达。

4.1 经营模型与立地环境指标的系统关系

根据科学区分自然特征与作业可行的综合兼顾分类原则，我们把海拔按 400m 以下、400 ~ 800m、800m 以上分为三级，土壤按黄壤和红壤两类区别，再加上特殊立地与特别树种的可能情况，得到表 4-1 所示的海拔和坡度标示的不同经营强度和主导功能特征的经营对象空间类型表。表中的代码标示在特定海拔段、土壤类型、坡度、坡位条件下的可选森林目标林相设计的代码，其具体的设计可见附件 I（主要经营类型和目标林相设计表）的相应内容。

因为海拔和土壤类型主要影响树种和混交类型选择，而坡度、坡位主要影响对森林的经营强度，所以，定义经营对象空间一方面是可明确树种选择的方向和种类，另一方面可以使各类经营模型适应的应用区域和立地选择更为精确和可靠，从而保证更好地实现长期森林经营目标。

要注意的是，表 4-1 提出的坡度、海拔段和山地土壤类型等立地指标和划分范围只针对湖南省的主要森林经营区域情况使用。因为这些立地指标与树种适应性的敏感关系并没有普遍的意义，而我国幅员辽阔，向南进入亚热带区域的森林土壤类型特征就不同了，向北跨过几个纬度进入北方区域后，坡度分级就要使用另一个体系，而到了东北地区海拔段其实不如坡向对树木生长更有决定性影响。总之，树种与立地因子配合和选择的关系受到具体地理空间区域的显著影响，其动态差异在一个市级行政的范围内就会表现出来，至少我们需要注意大部分"树种—立地关系"只在一个省的范围内可以使用。

表4-1　由海拔和坡度标示的不同经营强度和主导功能经营对象空间表

坡度、立地　　海拔、土壤			25°以下		25°～35°	
			沟谷、山麓	上坡、山脊	沟谷、山麓	上坡、山脊
			A	B	C	D
400m以下	黄壤	1	TSP 1b、TSP 1c、TSP 1d、TSP 2b、TSP 2e、TSP 3a、TSP 4a、TSP 5b、TSP 5c、TSP 6b、TSP 7a	TSP 1d、TSP 2b、TSP 2c、TSP 5b、TSP 7a	TSP 1b、TSP 1c、TSP 1d、TSP 2b、SP 2e、TSP 3a、SP 4a、TSP 5b、TSP 5c、TSP 6b、TSP 7a	TSP 1d、TSP 2b、TSP 2c、TSP 5b、TSP 7a
	红壤	2	TSP 1b、TSP 1c、TSP 1d、TSP 2b、TSP 2e、TSP 3a、TSP 4a、TSP 5b、TSP 5c、TSP 6b、TSP 7a	TSP 1d、TSP 2b、TSP 2c、TSP 5b、TSP 7a	TSP 1b、TSP 1c、TSP 1d、TSP 2b、TSP 2e、TSP 3a、TSP 4a、TSP 5b、TSP 5c、TSP 6b、TSP 7a	TSP 1d、TSP 2b、TSP 2c、TSP 5b、TSP 7a
	特别立地	3	TSP 1b、TSP 3a、TSP 4a、TSP 6b、TSP 7a	TSP 1d、2c	TSP 1b、TSP 3a、TSP 4a、TSP 6b、TSP 7a	TSP 1d、2c
400~800m	黄壤	4	TSP 1a、TSP 1b、TSP 1c、TSP 1c、TSP 2a、TSP 2b、TSP 2c、TSP 2e、TSP 3b、TSP 4b、TSP 5b、TSP 6a、TSP 6b、TSP 7a	TSP 1d、TSP 2a、TSP 2b、TSP 2c、TSP 3b、TSP 4b、TSP 5a、TSP 6a、TSP 7a、TSP 8a	TSP 1a、TSP 1b、TSP 1c、TSP 2a、TSP 2b、TSP 2c、TSP 2e、TSP 3b、TSP 4b、TSP 5a、TSP 5b、TSP 6a、TSP 6b、TSP 7a	TSP 1d、TSP 2a、TSP 2b、TSP 2c、TSP 3b、TSP 4b、TSP 5a、TSP 6a、TSP 7a、TSP 8a
	红壤	5	TSP 1a、TSP 1b、TSP 1c、TSP 2a、TSP 2b、TSP 2c、TSP 2e、TSP 3b、TSP 4b、TSP 5a、TSP 5b、TSP 6a、TSP 6b、TSP 7a	TSP 1d、TSP 2a、TSP 2b、TSP 2c、TSP 3b、TSP 4b、TSP 5a、TSP 6a、TSP 7a、TSP 8a	TSP 1a、TSP 1b、TSP 1c、TSP 2a、TSP 2b、TSP 2c、TSP 2e、TSP 3b、TSP 4b、TSP 5a、TSP 5b、TSP 6a、TSP 6b、TSP 7a	TSP 1d、TSP 2a、TSP 2b、TSP 2c、TSP 3b、TSP 4b、TSP 5a、TSP 6a、TSP 7a、TSP 8a
	特别立地	6	TSP 2c、TSP 4b、TSP 5a、TSP 7a、TSP 8a	TSP 2b、TSP 2c、TSP 5a、TSP 8a	TSP 1c、TSP 1d、TSP 2c、TSP 2d、TSP 3a、TSP 5b、TSP 7a	TSP 2b、TSP 2c、TSP 5a、TSP 8a
800m以上	黄壤	7	TSP 2d、TSP 4b、TSP 3b、TSP 8a	TSP 2d	TSP 2d、TSP 4b、TSP 3b、TSP 8a	TSP 2d
	红壤	8	TSP 2d、TSP 4b、TSP 3b、TSP 8a	TSP 2d	TSP 2d、TSP 4b、TSP 3b、TSP 8a	TSP 2d
	其他特别立地	9	TSP 2d	TSP 2d	TSP 2d	TSP 2d

　　注：TSP(target stand profile)为目标林相的英文简称。各个目标林相代码对应的具体设计见附件 I 的相应内容。

4.2 垂直带分级和土壤类型

海拔 400m 以下的区域是速生阔叶林、湿地松与常绿阔叶树混交林的范畴。

400 ~ 800m 海拔带内适用大部分针阔混交林，应该谨慎使用落叶阔叶树种。

海拔 800m 以上区域应谨慎使用马尾松和部分常绿速生的阔叶树种，针叶树以杉木和华山松为主，落叶阔叶树种可广泛适用。

避免在紫色砂岩的立地上种植杉木林，避免广泛使用柏科树种到非石灰岩的立地上。

4.3 坡度级限制

森林经营强度主要由坡度决定，建议在坡度 25°以下的区域经营长周期的大径级混交林（large diameter mixed forest），可以是针叶树与软阔叶树的混交林，也可以是针叶 - 硬阔叶树混交林，特殊情况下可以培育阔叶珍贵树种混交林，关键在于大径级林木的培育。关于"大径级"的指标限制详见 5.4 节"目标胸径的概念和下限规定"所述。

坡度在 25°~ 35°的地段以高比例阔叶树的针阔混交林或阔叶林经营为主。

坡度在 35°以上的地段不得选为新造林培育项目区。

4.4 坡位限制

在同一个坡度级内，沟谷和山麓地带一般水分和土层厚度均高于山坡和山脊地段，也因该区别设计不同的经营模型。基本原则是在山坡下部、山麓或沟谷等最好的立地上优先使用高价值珍贵树种，在山脊、山坡上部等较为贫瘠的地段使用耐贫瘠但较为速生的树种，通过这样因地制宜、适地适树的设计不同的经营模型来形成立体植物带和"两坡加一沟"的镶嵌式多样化森林景观格局，在生态系统格局上获得整体最优的自然生态和经营产出效果。

5 经营模型作业实施技术

本章就各类混交林经营模式的具体作业实施要点做出说明。混交林是由两个或两个以上树种组成的森林，主要目的树种的造林株数不超过总株数的70%，其他混交造林树种和保留促进天然更新树种的株数总和应不少于30%。

5.1 混交林经营模型的特征

从生态学一般原理看，混交林具有以下优势（图5-1）。

(1) **充分利用空间和营养** 如喜光树种与耐荫树种混交，浅根性树种与深根性树种混交等，使具有不同生长特点的树种搭配在一起，各树种能够在较大的地上地下空间分别不同时期和不同层次范围利用光照、水分和各种营养物质。

(2) **改善立地条件** 混交林的冠层厚，叶面积大，结构复杂，且枯落物多而成分较复杂，比单纯林更能改善林内小气候和提高土壤肥力。

(3) **提高林产品的数量和质量** 混交林由多树种合理搭配，不但能充分利用环境条件，而且能使树种之间相互促进，从而使总蓄积量高于单纯林；主要树种在伴生树种辅佐下一般长得较通直、圆满，干材质量亦较单纯林为好。

(4) **发挥防护效益** 混交林林冠浓密，根系深广，枯落物丰富，地上地下部分结构比单纯林复杂，在涵养水源、保持水土、防风固沙，以及其他防护效能方面都优于单纯林。

(5) **增强抗御自然灾害的能力** 混交林与单纯林比较，树种多，生境条件好，有利于抑制病虫害的滋生蔓延。又由于混交林温度低、湿度大，火灾的危险性比较小。比如针阔叶混交林能防止树冠火和地表火的形成；深根性树种与浅根性树种混交，可以防止风倒；常绿针叶树与落叶阔叶树混交，可以减轻雪压雪倒。

但是，混交林经营面临的问题首先是营造技术复杂，如树种配置不适当，

图 5-1　混交林的优势之一：湖南省资兴县的上层马尾松与下层阔叶树构成的混交异龄林，稳定的林分结构使其很快地从冰雪灾害的不良影响中得以恢复旺盛的生长势头。

（作者摄于 2015 年）

结构不合理，抚育不及时，便不能发挥其优越性；其次，单位面积上目的树种的蓄积量较小，需要转变传统用材林经营的观念和习惯才能执行；再就是营造技术复杂，需要处理不同树种和混交方式等问题；某些特殊的立地条件下也不宜营造混交林。

鉴于混交林的优点突出，项目实施的 8 个经营模型（MM1~MM8）全部设计和采用混交林经营模式。其中，MM1、MM2 为针阔混交新造林模式；MM3、MM4 为阔叶混交造林模式；MM5、MM6 为针阔混交补植模式；MM7 为竹乔混交经营模型；MM8 为人工促进天然更新经营的混交林模型。

5.2 针阔混交新造林模型（MM1~MM2）作业要点

5.2.1 适应立地、环境及林分选择

一般性速生阔叶树种经营型 (MM1) 选择水分和立地条件较差的山麓地段或大部分山坡地段或高海拔、平丘区、景观保持或生态重要的特殊地段。

珍贵稀有阔叶树经营型 (MM2) 一般选择水分和立地条件好的中高海拔、坡中上部或山脊部，坡度大于 25°的退化林。

经济林树种，如油茶、核桃、板栗等，选择地点应在少数民族地区，造林地点应位于山脚平坦处，不会造成水土流失。经济林不同于生态林经营的方式，需采取集约的措施，如马尾松－核桃－板栗非木质产品兼顾经营型(目标林相 TSP 1d 号)。

5.2.2 混交方式

一般采用行间混交（又称隔行混交）方法执行，即模型使用的两个以上树种彼此隔行进行混交造林。这种混交方法的树种间竞争矛盾容易调节，施工也较简便，是常用的一种混交方法，适用于模型 1 和模型 2（MM1、MM2）的速生、慢生树种混交或乔灌混交。根据林分退化的情况还可以选择团状混交（适用于退化后又有较大林窗出现的地段）造林模式。

5.2.3 作业法设计

选取的作业法取决于林分所处的生态区位和主导功能，如果林分所处生态区位十分重要，主导功能目标以水源涵养、水土保持等生态服务功能为主则执行目标树单株择伐作业措施；如果林分所处生态区位一般，可采用适应

性改进的镶嵌式小面积皆伐作业。

MM1 一般阔叶树种，生态区位重要、生态防护为主：目标树单株择伐作业；一般阔叶树种，生态区位一般、功能要求不明确：镶嵌式小面积皆伐作业。

MM2 珍贵阔叶树种：目标树单株择伐作业。

5.2.4 种苗要求

一般选择一级 1 年生实生苗（TSP 1d 为 2 年生实生苗），苗高 15~30cm，苗木地径（0.3~0.7cm），因经营模型不同而有差异。

5.2.5 造林密度

造林地一般针阔混交林种植密度为 1667 株 /hm^2（株行距 2m×3m）；

阔叶林一般为 1110 株 /hm^2（株行距 3m×3m）。

5.2.6 整地形式

林地清理：为清除残留木、杂灌、树蔸、石块。保留天然更新（乔木），不允许全垦的方式。

整地方式：穴垦，品字型。

规格：一般为 40cm×40cm×30cm。在有特别需求情况下可用 50cm×50cm×40cm 的规格，如多树种景观游憩科教经营模型（目标林相 TSP2e 号）的营建。

5.2.7 植苗造林

根据湖南的气候特点和造林习惯，以 1~2 月栽植为宜，因为此时气温低，蒸发量少，苗木处于相对的休眠状态，造林后大地回春，幼苗容易萌发新根。栽植时，做到根舒苗正，裸根苗深栽，不反山，切忌窝根，复土要分层踩紧压实，并培土成龟背状。栽植容器苗时要错开容器杯，以便根系生长。

5.2.8 施肥

拟在生态公益林区造林，局部地区性立地条件相对较差，只在第一年适当施 0.1kg 的复合肥或钙镁磷肥，以提高土壤肥力，促进林木生长，提高生态林的林分质量。少部分经济林树种可以实施追肥。

5.2.9 造林地管护

新造林地抚育包括锄草、松土、割灌等改善苗木生长环境的抚育措施。第一年两次、第二年两次、第三年一次。第一次抚育为松土除草的锄抚，锄抚深度 10~15cm；第二、三、四、五次为刀抚，砍除幼苗周围的杂灌。

5.3 阔叶树混交新造林模型（MM3~MM4）作业要点

5.3.1 适应立地、环境及林分选择

（1）一般性阔叶树种混交造林模式选择水分和立地条件较差的低海拔山麓、山坡下部退化的阔叶树纯林，雪灾毁损的郁闭度低于 0.2 人工林；中高海拔下部或全坡、现有郁闭度 0.2 以下退化的针叶或阔叶林。

（2）水分和土壤养分条件好的低海拔山麓、山坡下部、退化的阔叶树纯林，郁闭度低于 0.2；中高海拔山坡下部或全坡、现有郁闭度 0.2 以下退化的针叶或阔叶林。

5.3.2 混交方式

一般采用行间混交（又称隔行混交）方法执行，即是模型使用的两个以上树种彼此隔行进行混交造林。这种混交方法的树种间竞争矛盾容易调节，施工也较简便，是常用的一种混交方法，适用于 MM1、MM2 速生、慢生树种混交或乔灌混交。根据林分退化的情况还可以选择团状混交（适用于退化后又有较大林窗出现的地段）。

采用高价值珍贵树种造林时（如 TSP 4b），可用不规则混交方式，把一个树种栽植成不规则的块状，与另一个树种的块状地依次配置进行混交的方法。不规则的块状混交，是在山地造林时按小地形的变化分别成块地栽种不同树种。这样既可达到混交的目的，又能因地制宜造林。块状混交能有效地利用种内和种间的有利关系，可满足幼龄时期喜丛生的一些针叶树种的要求，林木长大后，各树种又产生良好的种间关系。

5.3.3 作业法设计

确定作业法的要点：① 生态区位重要，主导功能为生态防护的采用目标树单株择伐作业法；② 生态区位一般，可以根据造林树种较为速生（如枫香）和更新能力较好的特性，选取相对同龄林的四次抚育作业法或镶嵌式小面积

皆伐作业法。

MM3，一般阔叶树种，生态区位重要、以生态防护为主，采用目标树单株择伐作业法；一般阔叶树种，立地条件差、生态重要性一般采用镶嵌式小面积皆伐作业。

全部采用有更新能力的速生阔叶树种的造林地，可设计采用相对同龄林的伞状渐伐作业法。

MM4，该模式选择以获取优质大径材为目标的目标树单株择伐作业为主，亦可根据林木的分布选择强度稍大的群团状择伐作业。在获取木材产品的同时促进林下更新的苗木快速生长。

5.3.4 种苗要求

一般选择一级 1 年生实生苗，MM4：苗高 30~40cm，苗木地径（0.4~0.6cm），因经营模型不同而有差异；MM3：苗高、地径无要求。

5.3.5 造林密度

阔叶林一般为 1110 株 /hm^2，即株行距为 3m×3m。

5.3.6 整地形式

林地清理：为清除残留木、杂灌、树兜、石块。保留天然更新（乔木），不允许全垦的方式。

整地方式：穴垦，品字形。

规格：50cm×50cm×40cm。

5.3.7 植苗造林

根据湖南的气候特点和造林习惯，以 1~2 月栽植为宜，因为此时气温低，蒸发量少，苗木处于相对的休眠状态，造林后大地回春，幼苗容易萌发新根。栽植时，做到根舒苗正，裸根苗深栽，不反山，切忌窝根，复土要分层踩紧压实，并培土成龟背状。栽植容器苗时要错开容器杯，以便根系生长。

5.3.8 施肥

本项目拟在生态公益林区造林，局部地区性立地条件相对较差，只在第一年适当施 0.1kg 的复合肥或钙镁磷肥，以提高土壤肥力，促进林木生长，

提高生态林的林分质量。少部分经济林树种可以适当施追肥。

5.3.9 造林地管护

新造林地抚育包括锄草、松土、割灌等改善苗木生长环境的抚育措施。第一年两次、第二年两次、第三年一次。第一次抚育为松土除草的锄抚，锄抚深度 10~15cm；第二、三、四、五次为刀抚，砍除幼苗周围的杂灌。

5.4 补植促进恢复经营模型（MM5~MM6）作业要点

5.4.1 适应立地、环境及林分选择

（1）补植的针叶树 + 一般阔叶树经营模型（MM5）：水分和立地条件较差的中低海拔山区或平丘区，或者是贫瘠—中等立地的高海拔地区。对象林分选择主林层完全受损、郁闭度在 0.2~0.5 之间的、雪灾损毁的中林龄，但存在800~1200 株 /hm² 的天然更新幼苗幼树的雪灾损害的林地。

（2）补植的针叶树 + 珍贵阔叶树经营模型（MM6）：低海拔山麓或山坡中下部、高海拔区域，水分和立地条件良好，对象林分为郁闭度在 0.2~0.5 之间的、雪灾损毁的中林龄，林下更新良好且有阔叶树天然更新存在。

5.4.2 混交方式

采用不规则混交，把一个树种栽植成不规则的块状，与另一个树种的块状地依次配置进行混交的方法。不规则的块状混交，是在山地造林时按小地形的变化分别成块地栽种不同树种。这样既可达到混交的目的，又能因地制宜造林。块状混交能有效地利用种内和种间的有利关系，可满足幼龄时期喜丛生的一些针叶树种的要求，林木长大后，各树种又产生良好的种间关系。

5.4.3 作业法设计

选取的作业法式由林分所处生态区位和主导功能而定，生态区位重要（生态脆弱区）、以生态防护为主的林分应采取作业强度低的目标树单株择伐作业；地势平缓、生态区位一般（相对稳定）的区域，可采用作业强度高的带状间伐作业或镶嵌式小面积皆伐作业法。

补植一般阔叶树种的经营模型 MM5 在生态区位重要而生态脆弱区、生态防护为主使用，采用目标树单株择伐作业；在地势平缓、生态区位一般但

相对稳定的区域，可采用作业强度较高的带状间伐作业法或镶嵌式小面积皆伐作业法（作业面积不超过 2hm^2）。

对于使用珍贵树种补植的经营模型 MM6，原则上采用目标树单株择伐作业法。

5.4.4 种苗要求

补植使用的苗木一般选择一级 1 年生实生苗。MM5：苗高 80~90cm，苗木地径（0.8~1.1cm），因经营模型不同（树种配置）而有差异；MM6：苗高 30~40cm，苗木地径（0.4~0.7cm），因经营模型不同（树种配置）而有差异。

5.4.5 补植密度

采用不规则混交，根据林分天然更新情况，每公顷需补植 167~834 株。

5.4.6 清林与促进更新

一般不做全林地清理，可执行为促进天然更新苗木生长的清除残留木、杂灌、树蔸、石块，保留天然更新（乔木），不允许全垦的方式。

5.4.7 植苗时间

根据湖南的气候特点和造林习惯，以 1~2 月栽植为宜，因为此时气温低，蒸发量少，苗木处于相对的休眠状态，造林后大地回春，幼苗容易萌发新根。栽植时，做到根舒苗正，裸根苗深栽，不反山，切忌窝根，复土要分层踩紧压实，并培土成龟背状。栽植容器苗时要错开容器杯，以便根系生长。

5.4.8 施肥

本项目拟在生态公益林区补植造林一般不做施肥处理。在局部地区性立地条件相对较差，只在第一年适当施 0.1kg 的复合肥或钙镁磷肥，以提高土壤肥力，促进林木生长，提高生态林的林分质量。少部分经济林树种可以适当施追肥。

5.4.9 林地管护

对补植林木的抚育包括锄草、松土、割灌等改善苗木生长环境的抚育措施。第一年两次、第二年两次、第三年一次。第一次抚育为松土除草的锄抚，锄抚深度 10~15cm；第二、三、四、五次为刀抚，砍除幼苗周围的杂灌。

5.5 竹乔混交林经营模型（MM7）作业要点

5.5.1 林分选择

本模式是在受冰灾严重、土层薄、坡度大而有滑坡和水土流失风险的竹林林分进行改造的模式，而不是完全依赖于人工高投入和全过程经营的生产性纯竹林经营。

5.5.2 混交方式

采用不规则低密度竹子－乔木混交模式，把受害的竹林向竹－阔混交林导向经营，补植耐荫、较耐荫乔木树种，密度为每公顷补植 75~105 株，即每亩补植 5~7 株，以形成未来的支撑木，提高竹林抵抗雪压、冰冻、滑坡等灾害因子的能力。

5.5.3 作业法设计

特别的竹阔混交林作业法，在 7~8 月杂灌茂盛时劈山一次，全面砍除竹林内的杂草灌木，将其散布于林地。结合劈山将病竹、劣质竹（包括胸径小于 5cm 的弱竹）以及风倒、雪压竹全部砍除。补植较为耐荫的乔木树种。当竹林立竹度达到合理要求后，每年择伐强度 10%，阔叶树种采取目标树单株择伐作业。

5.5.4 种苗要求

补植到竹林中的树种需要选择早期耐荫的树种，可选补植杉木、木荷、楠木、南方红豆杉、锥栗、含笑等耐荫深根型乔木树种。

5.5.5 竹林内补植

保留竹林中现有阔叶树（乔木）作支撑木。对于近纯林，要选择林中空地补植阔叶树中苗或大苗培育成为支撑木（每公顷补植 75~150 株）。保留和培植的树种主要为耐荫、较耐荫乔木树种，如楠木、南酸枣、南方红豆杉、山杜英、木荷等，形成支撑木，提高竹林抗雪压、抗冰冻的能力。改造当前竹林向竹 - 阔混交林导向经营，目标是形成有竹、阔混交的复层林。

5.5.6 施肥

本项目在生态公益林区实施，当局部地区立地条件相对较差时可在第一年适当施 0.1kg 的复合肥或钙镁磷肥，以提高土壤肥力，促进林木生长，提高生态林的林分质量。

5.6 促进天然更新恢复经营模型（MM8）作业要点

这个模式是本项目中对森林抚育经营技术要求很高的一个模式，需要做更为细致的技术说明和现地培训。

5.6.1 人工促进天然更新的处理措施

由于天然更新幼苗在早期生长中可能出现顶芽损伤、萌蘖的现象，同时受邻近灌草竞争影响较大，为了促进天然更新苗木的生长，常结合实际情况，对于林下层天然更新采取平茬复壮、侧方割灌、松土除草、除蘖等措施。条件允许的情况下，对潜在目标幼苗可做水肥坑或加筑围栏保护。具体操作如下：

（1）割灌除草　一般情况下只需要清除妨碍林木、幼树、幼苗生长的灌木、藤条和杂草，而不是全面割除清理。因为全林割灌不利于保护有前途树种的幼苗，对森林的持续生长能力有负面影响。另一方面，在不影响幼树生长情况下保持林下灌草有积极的生态效果，林下灌草并不和主林层乔木竞争养分，但大都有积累生物量、保护和促进微生物发育而达到养护土壤、促进森林生态系统物质积累分解循环的功效。

控制指标：

①识别标记林下潜在的目标树幼树，将目的树种幼苗幼树根部 0.5~1m 半径内生长的杂灌杂草和藤本植物全部割除；

②割灌除草施工要注重保护珍稀濒危树木、林窗处的幼树幼苗及林下有生长潜力的幼树、幼苗。

也可以采用折灌的方式，即把于幼树竞争的灌木折断但不完全割除，以控制后期下方杂草灌木的持续生长竞争。

从生态系统角度来看，所有植物都有其存在的合理性，所以只有在影响目的树种或优秀个体生长时才需要执行此割灌除草抚育方式。

（2）间株定株　在幼龄林中，同一穴中种植或萌生了多株幼树（1.5~2.5m）时，按照合理密度伐除质量差、长势弱的林木，保留质量好、长势强的林木单株，为保留木创造适宜生长空间。

（3）除藤去蘖　退化阔叶林由于管理不当常会出现大量的藤本，藤本对于林下天然更新幼苗幼树影响巨大，其通过攀爬遮蔽阳光，而强大的绞杀作用对幼树生长带来威胁，为此需要对林内藤本进行清除。

萌生苗往往早期生命力强但其干形差，后期生长慢且易感病，所以在更新密度达到要求的林内需要对一些幼树根部萌发的蘖条进行处理（齐根剪掉），避免其生长对其他实生苗木产生的竞争。

（4）反向鱼鳞坑　在坡度较大的坡面上，或立地条件较差的林分内，可针对主林层或更新层的目标树在其根部挖修呈鱼鳞形或半圆形反坡向水肥坑穴，尽可能把周边枯落物或杂灌草残体堆于坑内，适当覆盖表土，以人工改善目标树的保水积肥的能力。

5.6.2　对主林层的处理措施

（1）选择目标树　目标树首先是决定林分发展方向的林木，能代表林分整体质量，体现出林分的生态效益、经济效益等。所以，它应该是长期保留，完成天然下种更新并达到目标直径后才采伐利用。通常标记为"Z"类林木。目标树应该是林分中生活力强、干材质量高、实生起源、损伤少的个体。标记后的目标树就意味着要将其培育成大径级林木，对其要持续地抚育管理，并按需要不断间伐对其生长有不良影响的干扰树，使其达到目标直径。当目标树下层有了足够的第二代更新幼树时，才可择伐利用。

（2）干扰树伐除以改善目标树生长条件的处理　干扰树是直接对目标树生长产生不利影响而需要伐除的林木，记为"B"类。干扰树一般也是生长势头较强的林木，也可以是生长衰弱或者木材形质不良林木。采伐方式和倒向应有利于保护其他林木和幼树。用马锯或者机械油锯进行人工采伐，伐桩不得高于地面10cm。采伐木倒下时避开目标树和有前途的林下更新的幼树，一般横山倒向，不要仰山或顺山倒。伐前对采伐木需要进一步确认打号，不能错误采伐。间伐后造材注意长材不短造，优材不劣造，充分利用小材小料。木材全部下山归楞。一般不清林，将没有经济价值枝梢在林地均匀散开；对

> **目标树经营**（target tree management）
>
> 目标树（target tree）经营是一种以单株木为抚育作业和采伐收获对象的精细化的林分经营管理方法，又称为"目标树经营体系"，通过标记目标树和伐除与之竞争的干扰树来降低其竞争强度、不断改善目标树单株木的生长空间来提高目标树的生长量和质量的营林技术。
>
> 目标树是指森林中代表着主要的生态、经济和文化价值的少数优势单株林木。简单地说就是在林分的一定面积中选一棵最好的林木作为目标树，森林经营过程中主要以目标树为核心进行，定期确定并伐除与其形成竞争的树木，直到其达到目标直径后采伐利用。
>
> 目标树经营的具体作法是把林分内的所有林木分为用材目标树、干扰树、生态目标树和一般林木等4种类型，每种树都有自己的功能和成熟利用时间，有不同的生态效益、社会效益和经济效益。林木分类工作要在现场进行，单株目标木要永久标记。通过不断的抚育间伐，保持林分的最佳混交状态和目标树最大生长量，保证林分天然更新，促使林分质量不断提高。
>
> 目标树经营体系是近自然森林经营区别于其他森林经营的特征最显著的部分，我们传统的森林抚育经营的重点是确定和标记"不要的林木"，而目标树经营体系中自始至终经营的重点都是确定和标记"需要的林木"，即"目标树"，在整个森林培育过程中所有的林分抚育管理措施都将以目标树为中心进行，包括他们的生长、更新、保护和利用等各个方面。

处于目标树下方的干扰木，若对目标树不构成威胁，且无经济价值，可以保留；枯死木可为鸟类、蚂蚁等森林动物提供栖息场所，也可保留，以增加林分生物多样性。

（3）特殊目标树　生态目标树，又称特殊目标树，是为增加混交树种、保持林分结构或生物多样性等而对目标树服务的林木，记为"S"类。经营森林要有系统的观念，森林是一个生态系统，我们要在经营中维护森林多样性和野生动物的生存环境，这种维护也是很简单的，把稀少的林木、濒危的保护树种标记为特殊目标树；而保护野生动物就要注意两点，即维护它的栖息地和食物链，这两点也是我们可以通过选择干扰树或特殊目标树来实现，若树上有鸟巢的、属于食物源树种的林木都作为特殊目标树标记和保护，就实现了整体上维护生态系统多样性的基本要求。

（4）抚育剩余物处理 伐后要及时将采伐剩余物适当清理归堆在林木根部、或按一定间距均匀堆放在林内等方式处理；有条件时，可粉碎后堆放于目标树根部鱼鳞坑中。坡度较大情况下，可在目标树根部做反坡向的水肥坑（鱼鳞坑）并将采伐剩余物适当切碎堆埋于坑内。

对于感染林业检疫性有害生物及林业补充检疫性有害生物的林木、采伐剩余物等要全株清理出林分，集中烧毁，或集中深埋。

5.7 其他抚育经营作业

5.7.1 修枝作业

修枝指人为地除掉林木主干下部失去生长活力或已干枯的枝条、以形成无节良材为主要目的的抚育方式。主要用于培育大径级用材林或珍贵树种用材林。

树木修枝是为了生产高质量、无节子的健康树木而进行的投入较大的作业技术措施，在林业生产企业和经营单位，修枝是提高木材价值的有效方法。在适时对林分进行抚育时，在郁闭阶段过后，会减轻主干枝的生长压力，自然整枝过程可能会增加树枝的直径。

（1）作业要求 符合以下条件之一的林木可实施修枝作业。

①林分具有珍贵树种大径材培育目标，对目标树修枝；

②枝干较高大且其枝条会妨碍目标树生长的其他林木。

枯枝的存在会降低林木的经济价值，修剪过的树木会由于其优良材质和表面独特性而获得更高的价值。对中龄以上、目标木天然整枝不良、枝条影响林内通风和光照的林分可进行修枝整形。修枝用于针叶树或用材林中对干型有要求的目标树培育。修枝强度可根据不同的树种及年龄确定。修枝季节一般选择秋末至春季萌芽前。

修枝不需要对所有林木进行。采用林木分类标记的，仅对目标树进行修枝。采用林木分级的，主要针对 I、II 级木进行（图 5-2~ 图 5-4）。

图 5-2 修枝方法示意：以顺时针方向由上而下进行修剪

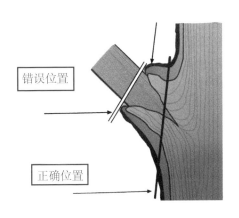

错误位置

正确位置

图 5-3 正确修枝位置示意图　图 5-4 保留的树冠高度不低于整个树高的 40%

树木修枝作业是投入较大的作业技术措施，所以森林抚育中用来对高质量的健康树木进行，目标是生产高价值的木材产品。在适时对林分进行抚育时，在郁闭阶段过后，实施修枝作业会减轻主干枝的生长压力、加快自然整枝的过程，通过及时而正确的修枝还可大大改善树木的生长形态和未来的利用价值。

● 针叶树的修枝要点

通常情况下只针对针叶树修枝，且大多数树木的修剪高度至 6.5m，并保持修枝后的树冠高度不低于全高的 40%。在阔叶树中通常情况下只对特殊树种的目标树进行修剪。

控制指标：

①修去枯死枝和树冠下部 1~2 轮活枝；

②幼龄林阶段修枝后保留冠长不低于树高的 2/3、枝桩尽量修平，剪口不能伤害树干的韧皮部和木质部；

③中龄林阶段修枝后保留冠长不低于树高的 1/2、枝桩尽量修平，剪口不能伤害树干的韧皮部和木质部。

5.7.2 整枝作业

人工整枝是指通过人工修除部分粗大侧枝、侧芽等器官，以保证树木形成通直健壮的主干而加速高生长的抚育措施，通常针对部分分枝形态特别的阔叶树执行。树木的分枝类型通常分为单轴分枝（大部分针叶树）、合轴分枝（大部分阔叶树）和假二叉分枝（部分阔叶树）3 个主要类型。整枝主要针对后两种分枝型的树木执行，主要目的就是人工促进其形成明显的主干，以保持树木高生长势头，使得树木长得更高更壮。

在具体执行工作中的执行要点：

（1）只要做过截干造林处理的林分，无论处于哪个生长发育阶段都需要做整枝处理，且开始得越早越好。

（2）对于大部分截干造林形成的林分，不是所有的林木都可以或有潜力通过整枝处理而形成高大的主干的，可以结合目标树的选择，对部分有前途的林木个体可选为目标树而执行整枝作业，而对一部分没有明确主枝和活力低下的林木，在未来几年的个体竞争中这类个体会被自然淘汰，就可不做任何处理。

植物分枝型态

（1）单轴分枝：从幼苗形成开始，主茎的顶芽不断向上生长，形成直立而明显的主干，主茎上的腋芽形成侧枝，侧枝再形成各级分枝，但它们的生长均不超过主茎，主茎的顶芽活动始终占优势，这种分枝方式称为单轴分枝，又称总状分枝。大多数裸子植物和部分被子植物具有这种分枝方式，如松、杉、白杨等。这种分枝方式通常能形成粗壮通直的树干。

（2）合轴分枝：顶芽发育到一定时候，生长缓慢、死亡或形成花芽，由其下方的一个腋芽代替顶芽继续生长形成侧枝，以后侧枝的顶芽又停止生长，再由它下方的腋芽发育，如此反复不断。主干实际上是由短的主茎和各级侧枝相继接替联合而成，因此，称为合轴分枝。这种分枝在幼时呈显著曲折的形状，在老枝上由于加粗生长，不易分辨。合轴分枝的植株上部或树冠呈开展状态，既提高了支持和承受能力，又使枝叶繁茂。这有利于通风透光、有效扩大光合面积和促进花芽形成，因而是丰产的株型，是较为进化的分枝方式。大多数被子植物具有这种分枝方式，如马铃薯、桑、榆等。

（3）假二叉分枝：在具有对生叶序的植物中，顶芽停止生长或分化为花芽后，由它下面对生的两个腋芽发育成两个外形大致相同的侧枝，呈二叉状，每个分枝又经同样方式再分枝，如此形成许多二叉状分枝。但它和由顶端分生组织一分为二而成的二叉分枝不同，只是外形相似，故称之为假二叉分枝。它实际上是合轴分枝的一种特殊形式，如丁香、茉莉、接骨木、石竹、繁缕、泡桐、辣椒等植物都具有这种分枝方式。

（3）对于泡桐、榆树、楝树等具有假二叉分支形态的阔叶树林分，无论是否做过截干处理也要执行整枝抚育作业，尤其需要尽快从早期开始执行，因为这类分枝型的树木本来就难以形成明显的主干，在缺乏自然竞争选择机制的人工林中，人工整枝就成为快速培育高大林分的必要处理措施。

（4）整枝抚育不是一次确定保留枝并修除所有其他枝条的简单作业，这样会导致树木一次失去太多树冠而失去基本的生长能力，也会导致过度受损而增加感染病菌的可能。正确的做法是首先要确定未来培育的保留主枝和当前竞争枝，当前竞争枝是需要立即修除的枝条，而如图5-5所示的选择修除

图 5-5　阔叶人工林内的整枝作业中对不同枝条选择处理的案例；通过人工整枝修除部分粗大侧枝或侧芽等器官，保证树木形成通直健壮的主干而加速高生长，以尽快形成高大的林分；通常针对合轴分枝（大部分阔叶树）和假二叉分枝（部分阔叶树）形态的阔叶人工林，选择林木株数 15% 左右的部分优势木执行整枝作业，以快速提高整个林分的高度和质量。

枝是对保留枝没有直接竞争的枝条，需要根据树木整体的生长活力和树高情况综合判断是否需要修除。所以，整枝通常需要执行多次，一般间隔期为 2 年，视树木的生长速度而定，树高生长快的林分可一年一次，直到作业对象林木形成 8m 以上的主干为止，特别情况下也要有 6m 的主干高度。

总之，整枝与修枝有对象和目标的根本区别，修枝的主要对象是针叶树，主要目标是形成无节良材；整枝主要对象是阔叶树，主要目标是形成通直高大的树干。特别地，对有截干处理造林形成的人工阔叶林一定要执行整枝作业，主要目标都要是要消除截干导致的多分支和主干不显著的矮林状态，使部分优势林木至少形成 6~8m 良好的主干，才能称其为森林，发挥出森林最基本的生态环境支持功能，并在未来的目标树抚育中提供适当而高价值的景观文化支撑对象和物质材料生产功能。

5.7.3 保留部分枯死木

森林抚育经营中需要保持 15% 左右的面积上有枯死林木残体，以促进林内微生物和土壤肥力发育，切段、归堆、粉碎、平铺、喷洒腐生菌液等所有可能加速枯木分解的措施都可以使用。同时要注意保留少量的枯立木，使之成为鸟类的重要或特有的栖息地和食物源。

5.7.4 保护阔叶珍贵树种

林中所有稀有或珍贵的阔叶树都需要标记为特别目标树而加以保护，比如在针叶林分中偶尔出现的野生樱桃等果树，需要特殊保护；在侧柏林中出现的阔叶、珍贵树种都需要作为特殊目标树进行保护。

5.7.5 保护有鸟巢、蜂窝的树

有鸟巢、蜂窝的树是鸟类或者蜂类的栖息地，对于增强林子生物多样性具有重要价值，需要选为特殊目标树，加以保护。如图 5-6 所示的是因为有鸟巢而选为特别目标树（辅助树）林木的情况。

5.7.6 保护特殊迹地

林内出现陡崖、谷底、小溪等特殊迹地，需要特殊保护，不做任何处理，保持自然本身的样子。如果存在休闲游憩价值，可以增加石凳等物进行开发，但对于迹地中的树木不做任何处理措施。

图 5-6　因为有鸟巢而选为特别目标树（辅助树）的林木。森林中的稀少个体、珍贵树种、具有蜂巢、蚁巢寄生等有特别生物多样性和特殊性对象的林木都可以被列为特别目标树而得到维护。森林经营的要义在于通过各类主动的设计和安排，推动顺应自然演化过程加速发展，以提高森林动物的数量和质量，从而在生态系统层面上获得互惠的结果。

枯死木和枯立木的生态价值

枯死木和枯立木的保留处理是近自然森林经营中的特有技术，因为林内的枯死林木是森林生态系统物质循环的关键要素。通过枯死木为大量微生物提供食物源和栖息地，而成为微生物种群发育的物质基础；而微生物活动是森林土壤肥力和结构发展的关键要素，微生物的种类和数量发展是森林土壤肥力和结构改进的物质前提；土壤肥力和结构改善又是林木健康生长发育的基础依赖。所以，枯死木和枯立木就成为森林生态系统物质—能量循环和土壤发育的关键要素，是链接森林中的"林木—微生物—土壤—肥力—生长力"这个转移循环过程的关键环节，也是部分鸟类的特有栖息地，森林生态系统食物链的重要成分。

5.7.7　开辟和新建林道

为了更好地实施经营模型设计和作业，需要对林区作业道进行建设，需要铺设 0.8~1.5m 的林道，密度为 30~80m/hm²。

本节提出的特别抚育作业方法非常重要，是林业技术发展过程中对森林组成和结构多样性保护培育意识导致的精细化经营措施，是基于对树木、森林和陆地生态系统的尊敬、保护和合理经营利用的一种技术表达。

6 全周期森林经营计划

　　林分的生命周期经营计划又可简称为林分作业法，是一个以目标林相为培育目标、规定从森林发生发展到最终利用全过程中各项技术措施的经营规划文件。本章给出了"目标树单株木经营作业法"案例，这个生命周期经营计划适用于大部分以生态功能为主导的林分模式使用。

　　根据项目以生态建设为基本目标的特征限制，项目还需要设计开发"多功能竹阔混交林经营型"等特定经营类型的作业法，并针对某些具体的林分模式可能需要设计其他作业法。

6.1 目标胸径与优势高

　　对实施全周期经营的林分，其目标状态的数量指标通常用主要树种的目标胸径或是林分的优势高来表示，而在传统用材林经营体系中则用"轮伐期"作为经营周期的技术指标。

　　森林中大径级林木是森林经营目标的主要承载体，从森林建群开始计算，只有不足初始林木株数 20% 的优势林木能生长到树高基本停止的极限高度，标志着森林达到了质量成熟的状态，这时的优势木胸径范围即可认为是大径级范围，即近自然经营技术体系中定义的"目标胸径"。

　　第二章中的"表 2-1 主要树种及其利用价值特征类型表"中给出了项目使用的主要树种的一般目标下的参考性目标值直径，本章的表 6-1 给出了不同功能目标下主要树种的目标直径参照表，这些参数可用于设计具体林分经营计划时参照使用。同时，在 2018 年发布的《湖南省森林经营规划（2016—2050 年）》中也提出全省主要树种的目标直径参考值。

　　由于森林的生态效益是与林木持续生长和林分蓄积量呈正相关的，所以通过各种技术可能把部分林木培育到目标胸径的水平，就意味着实现了最大化的森林生态环境及生产服务的功能。为此建议本项目和湖南省培育大径级

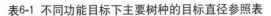

表6-1 不同功能目标下主要树种的目标直径参照表

树种或树种组描述		功能或生产目标	目标直径 DBH (cm)
珍贵硬阔叶树种	楠木 *Phobe* sp.	林分混交，同时培育其他树种	45~60 +
		高质量特殊用材	70 +
	青冈 *Fagus* sp.	林分混交，同时培育其他树种	45 ~ 60 +
	樟树 *Cinnamomum* sp.	高质量特殊用材 林分混交，同时培育其他树种	60 + 45 ~ 60 +
其他硬阔叶树种	榉木 *Zelkova* sp.	林分混交，同时培育其他树种	55 ~ 60 +
	檫木 *Sassafras tsumu*	建筑或特殊用材	45 +
	栎类 *Quercus* sp.	家具、建筑门窗等	55 +
软阔叶树种	桤木 *Alnus cremastogyne*	建筑用材或人造板材	45 +
	木莲 *Manglietia fordiana*	建筑用材或人造板材	45 +
	枫香 *Liquidambar formosana*	建筑用材或人造板材	45 +
	苦楝 *Melia azedarach*	胶合板干材	45
	其他软阔叶树种	工业或家具	45 +
针叶树种	杉木 *Cunninghamia lanceolata*	建筑用材	45 +
		胶合板干材或高质特殊材	60 +
		人造板材	50 +
	水杉 *Metasequoia glyptostroboides*	一般	50 +
	柏木 *Cupressus funebris*	一般建筑用材	45 +
		胶合板干材或高质特殊材	60 +
		人造板材	50 +
	马尾松 *Pinus massoniana*	建筑用材、家具用材	45 +
		未修枝木材	50 +
	落叶松 *Larix kaempferi*	建筑用材	50 +
		家具用材、胶合板干材	65 +
	其他针叶树		50+

注：" + "号意义为可在本数值以上20 cm范围内取任意值。

混交林的基本径级限制指标，若没有特别需求，则针叶树的目标胸径不低于35cm，软阔叶树不低于40cm，硬阔叶树不低于55cm。

由于区域、树种和立地的差异，同一个经营模型在不同地段达到目标胸径的时间可能会有所不同，所以更新采伐不规定严格的时间周期，而是由确定的保留木是否达到目标胸径的下限来决定，并建议在更新采伐时保留每亩3株左右的优势木作为下种母树，采用人工促进天然更新方法更新，以保证基本的生态功能能够持续维护。

另一个全周期经营的技术指标是优势木高度（dominant height,top height），简称"优势高"，即林分中优势木或亚优势木的算术平均高。优势高的确定方法称为"六株大树法"，即取林分中最高的6株树木的高度的平均值为林分的优势高。在热带或亚热带森林中，常用林分中最粗的6株树的平均高作为优势高。

表6-2给出了林分抚育作业措施与林分优势高生长范围的时间配合表，指示了林分在以优势高代表的特定生长发育阶段需要执行的各种抚育经营处理，表达了全周期经营的基本技术控制过程，可在实际抚育作业设计和施工时参照。

表6-2　林分抚育作业类型与林分优势高生长范围的时间配合表

抚育作业种类	森林类型	林分优势高生长范围和抚育作业的理想时期（m）						
		5	10	15	20	25	30	35
幼林管护	针叶林							
	阔叶林							
疏伐（透光伐）	针叶林							
	阔叶林							
	天然次生林							
第一次生长伐	针叶林							
	阔叶林							
第二次生长伐	针叶林							
	阔叶林							
下层抚育管护、透光伐	针叶林							
	阔叶林							
卫生伐	受害林分							
定株、更新管护								

注：绿色范围为最佳的执行期间；棕色范围为可能的执行期间。

如表 6-2 所示，全周期经营这个新的森林经营理念是基于异龄林径级作业法的作业技术体系，这种体系淡化了主伐和间伐的区别，与传统的基于龄级作业法的森林经营相比，丰富了湖南省和项目区的森林经营技术。

6.2 森林作业法

森林作业法（silviculture regime）的一般概念是针对具体森林对象的经营目标和树种特征，从森林的建立、培育到采伐利用全部生产过程所采用的一系列技术措施的有机组合。森林作业法之所以重要，是因为开发森林多功能价值的所有森林经营理论思考与技术设计，都需要通过特定的森林作业法表达并落实到具体的森林中。

由于不同学者使用的森林作业法分类依据和方法不同，出现了不同的森林作业法分类体系和实践类型。如果再考虑历史时期和区域差别，作业法的类型和数目就更难以确定（Matthews，1989）。中欧地区（德、奥、法）按森林形态和主伐利用方式分为乔林皆伐作业法、乔林择伐作业法、中林作业法、矮林作业法、其他特别作业法等 5 个大类（WBD，1993; Handstanger *et al.*, 2004；Duchiron，2000），并基于更新方式进一步做出均匀、带状、团状、单株采伐更新作业的下一级具体作业法划分（Harald *et al.*, 2001）；在北美洲从"新林业"和生态系统经营思想衍生出来的"保留性林业（retention forestry）"的理论和技术，相应的作业法以改进的轮伐作业和保护原生植被或关键对象为特征（Gustafsson *et al.*, 2012）。我国历史上也沿用了德国五类作业法的分类系统，但是缺乏实践应用的系统性研究和实践验证。针对特定森林作业法的案例包括 20 世纪 50 年代的"栽针保阔—动态经营"主题下的东北天然红松混交林经营作业法（陈大珂等，1984; 王长富，1998），栎类矮林作业法（时富勋，2004）；采育兼顾林分作业方法（莫若行，1991）和多功能森林经营作业法（陆元昌等，2011）等。

影响森林作业法分类和制定的主要指标有：构成森林的主要树种特征、森林的起源、森林更新方式、社会对森林的功能目标定位等方面，这些方面的不同都将导致不同的森林作业法定义，也就形成了多样化的森林作业法技术体系。

森林作业法分类体系

1. 按林木特征分类

（1）乔林作业法：主要针对由实生而高大的林木构成的森林，以培育结构合理并有尽可能高的生长量、蓄积量和产品价值（包括非物质化的服务功能性产品）的森林为目标的各类森林抚育经营的集成技术。

（2）矮林作业法：主要针对由多次采伐利用后的萌生林木构成的森林，该作业法的技术要点是尽可能多和快的生产能源用材或特别的小型材。

（3）中林作业法：针对上层实生林木和下层萌生林木构成森林，同时生产大量小型材或能源用材，并产出少量但高价值大径材的营林技术。

（4）竹林作业法：生产性竹林或竹乔混交林使用的作业法。

（5）其他特别作业法：针对灌木林、退化森林和特殊地段的稀疏或散生木林地需要执行的作业法。

2. 按采伐和更新方式分类

（1）同龄林皆伐作业法，可用于乔林（高林）和矮林。

（2）两层同龄林结构的伞伐业法，通常用于天然更新能力强的乔林，以促进和利用天然更新为主要特征，又称渐伐作业法。

（3）异龄林择伐作业法，是乔林、中林、矮林都可能使用的作业法。

而按抚育采伐作业的空间格局和经营强度指标又可分为大面积、块状、带状、群团状，径级或单株木等作业法。

3. 按产品类型和经营目标分类

（1）以大、中、小径材为目标的用材林作业法。

（2）经济林作业法，是以生产非木材林产品为目标并以人工培育技术和过程控制为主要技术特征的各类经济林的作业法。

（3）景观和生态功能为主的森林作业法。

6.3　目标树单株抚育择伐作业法

目标树单株抚育择伐作业法适用于培育多功能经营的兼用林或集约经营

的人工林，是典型的培育恒续林的作业法。该作业法在特定林分发育时期对所有林木进行分类，划分为目标树、干扰树、辅助树（生态目标树）和其他树（一般林木），选择目标树、标记采伐干扰树、保护辅助树。通过采伐干扰树、修枝整形、在目标树基部做水肥坑等措施，促进目标树生长，提高森林质量，提升木材品质和价值，最终以单株木择伐方式利用达到目标直径的成熟目标树。主要利用天然更新方式实现森林更新，结合采取侧方割灌、除草、平茬复壮、补植等人工辅助措施，促进更新层目标树的生长发育，确保目标树始终保持高水平的生长、结实、更新能力，成为优秀的林分建群个体，保持森林恒续覆盖，维持和增加森林的主要生态功能，同时持续获取大径级优质木材。本项目的大部分经营模式按这个单木择伐作业法执行全生命周期的经营活动。

6.3.1　目标树作业体系的多功能特征

目标树单株抚育择伐作业法适用于大部分阔叶混交林、杉或松等针阔混交林等异龄林经营林分模式。以单株林木为对象的目标树经营体系的要点在于作业中不区分主要树种和次要树种，而是注重培育所有优秀的个体，设计的基本原则是理解和尊重自然，充分利用林地自身更新生长的潜力，以生态效益为主，兼顾经济效益，在保持生态系统稳定的基础上最大限度地降低森林经营投入。林分中的优秀个体判别和保护的指标是"实生林木、旺盛的生活力、良好的干形和没有明显损伤"4个方面，基本思路是通过识别、保护和促进所有满足了这4个指标的优秀个体的生长，就是最大限度促进整个森林的质量进步。从森林生态的角度看，生长优势的目标树保持了森林的生长、结实、更新的基本能力在一个更高的水平上，从而成为林分主要的建群个体，保持了森林生态系统的基本物质能量关系和主要生态功能。

从林业经济的角度看，以经营目标树为特征的林分可以省略或减少育苗、造林、割灌、施肥等需要大量经费和人力投入的前期营林活动，通过对目标树和干扰树的间伐和更新采伐，调整森林结构和影响森林的生长过程，而把其他森林生长发育的环节留给自然去做，总体上是有利可图的。

从文化功能看，单株目标树采伐后并不破坏森林的整体景观格局，而只是形成有利于林下天然更新和幼树加速生长的林隙，以目标树为核心的每次经营活动都只涉及不到10%的林分面积，这个经营干扰的强度一般情况下是自然生态系统可以自我恢复的，从而基本保持了森林的原有的自然特征，而林中优良高大的目标树更进一步增加了森林的感染力。

目标树单株木林分施业体系是一种典型的恒续林经营体系，主要技术特征之一是对所有林木进行分类，对林分或标准地中的所有林木进行划分，分为目标树、干扰树、特别目标树（生态目标树）和一般林木等在生态学和林学中作用和意义各不相同的4种类型。使每株树都有自己的功能和成熟利用时点，都承担着生态效益、社会效益和经济效益。所以，目标树经营体系下的近自然森林充分体现了森林的生态、经济和文化价值。

6.3.2 目标树作业体系的实施要点

对林分中树木进行分类标记是整个体系的主要特征，对目标树的定义和选择是最重要的一环。目标树是需要长期保留、完成天然下种更新并达到目标胸径后才采伐利用的林木，标记为"Z"类林木，意为"目标树"。目标树选择的标准包括实生个体、生活力、干形（冠型）、损伤情况等4方面。

6.3.2.1 目标树选择标记

目标树的选择指标有树种起源、生活力、干材质量、损伤情况及林木年龄等方面。首先目标树应该是实生的个体，萌生的林木原则上不选择为目标树；优势度应该是处于优势木或主林层的个体；干形通直完满且没有两分枝的梢头，根据树种或当地的用材标准，至少应该有6~8m以上完好的干材；冠型一般要求至少有1/4全树高的冠长，且根据不同的树种有不同的具体指标，如松树的冠型应该是锥形的，杉木、落叶松等的冠型是至密而不透光的，栎类要有椭圆而巨大的冠型等，总之是要反映出旺盛生长趋势的冠型；生活力的指标在结合冠型的基础上主要考虑健康状态，不能有明显的损伤和病虫害痕迹，特别是在树干的基部不能出现各种因素导致的损伤情况。

标记目标树就意味着以培育大径级林木为主对其持续地抚育管理，并按需要不断利用干扰树及其他林木，直到目标树达到目标胸径并有了足够的第二代下层更新幼树时，即可择伐利用。在这个抚育择伐过程中根据林分结构和竞争关系的动态分析确定每次抚育择伐的具体目标（干扰树），并充分理解和利用自然力，通过择伐实现林分的最佳混交状态及最大生长和天然更新，从而实现林分质量的不断改进。

目标树确定后，在距我们双眼高度的树干上写"Z"字（当树干较细时可采用系红绳代替）来标记目标树，应遵循如下原则：

（1）根据树种的生长状况

（2）根据树种的构成及比例　要求每一个模型中至少有 3~5 个树种，每个树种比例不少于 10%，要有一定的更新能力。

在选择目标树时，每公顷目标树的数量和它们之间的距离并不重要，重要的是要坚持选择标准，宁缺毋滥；但是作为一般的指标，通常把胸径的 20~25 倍值作为目标树选择的密度参考指标。例如一株目标树的胸径是 20cm，则可以在距离其 4~5m 区域内可下选择一株目标树。

在选择目标树的时候，应移除缠绕的所有藤本植物，这点在湖南省的南亚热带地区特别重要。

目标树的选择和标记工作每个作业期都应该进行一次，因为在森林的不断演替中，会不断出现新的目标树，而某些目标树又可能不再满足继续保留的需要。

6.3.2.2　干扰树选择和伐除

干扰树是直接影响目标树生长的、需要在本次经理计划期内采伐利用的林木，记为"B"类；干扰树一般也是生长势头较强的林木，作为抚育采伐的对象，使得在抚育经营的过程中有一定的收获来鼓励对森林的抚育活动。

6.3.2.3　特殊目标树的选择和保护

特殊目标树是为增加混交树种、保持林分结构或生物多样性等目标服务的林木，记为"S"类；树冠上有鸟巢的林木一定是要标记和保护的特别目标树，在国家和地方保护树种名录上的树种也一定要列为特殊目标树加以保护。

林中可作为非木材资源用途的林木也在特别目标树之中，包括一般生产非木材产品例如油脂、水果、坚果、药材等产品。"S"类林木还包括稀有树种、母树，对森林未来的发展很重要。对稀有树种来说，质量标准可较低一些。

在项目地区还要特别注意的是，人工纯林中的天然更新生长的阔叶树及部分濒死木或枯立木是其他微生物、昆虫、鸟类的重要栖息环境因素，为了快速增加单纯结构林分的多样性组成，这类林木可以作为特别目标树标记和保留。

6.3.2.4　一般林木的处理

不属于上述三类林木的属于"一般林木"，不作特别标记。特殊情况下可在抚育过程中按需要采伐利用一定数量以弥补抚育的部分开支，因为在 Z 类和 S 类林木保持的条件下，一般林木的部分利用不会影响森林整体的各项功能。

全林的林木都分类标记后，就要对林分的特征个体 —— 目标树（Z）进行单株木抚育管理和采伐干扰树，目的是在保持森林生态功能的前提下实现高价值林木成分（目标树）的最大生长。

6.4 速生阔叶林伞状渐伐作业法

伞状渐伐作业法由疏伐、下种伐、生长伐等三次抚育间伐作业和更新择伐构成的速生阔叶林作业法，是针对具有早期庇荫生长能力且能形成单优物种群落的速生阔叶树种设计的，项目中的"TSP 3a：枫香－木荷－木莲间伐抚育经营型"为采用本作业法实施的经营类型。在此以枫香斑块林分为例给出简要说明。

森林演替发展估计分析：枫香树种可以在较小的主林层郁闭度下实现天然更新，从而可以形成异龄结构的单优树种群落，并将经营周期设计为 30 年左右。

当前林分：新造林（按速生阔叶林造林设计执行）。

时间安排和各阶段的作业技术方法：

（1）疏伐　针对 8~10 年的林分选择目标树后开始第一次间伐，抚育采伐强度控制在林分株数密度的 20% 左右（每公顷 450 株左右），对于一般林木采取隔 4 株伐 1 株的采伐强度，但不能过于刻板，要在间伐过程比较相邻的林木并总是抚育采伐相对弱小或干形不好的林木，并保留那些干形通直生长茂盛的林木。疏伐可优化优势木的生长空间。

（2）下种伐　在疏伐后的 10 年内进行，间伐强度控制在株数密度的 30% 之内（每公顷 550 株之内），基本上隔 2 株采 1 株，并注意在行间错开，使得保留木能尽可能有较大的树冠生长空间，使部分目标树承担母树角色，在改善生长空间条件下增加结实和下种量。这时期可选取条件合适的林中空地补植部分黄檀等高价值珍贵树种，以提高林分的价值量。同时选择次林层枫香优良二代目标树，进行重点保护和经营；同样要在抚育采伐过程中比较相邻的林木并总是采伐相对弱小或干形不好的林木，保留那些干形通直生长茂盛的林木。

（3）生长伐　下种伐作业后的 7~8 年内进行，目标是改善林下天然更新的幼树生长的光照条件；间伐强度不超过密度的 40%。

（4）更新择伐　在第二代更新林木进入次林层后，抚育采伐所有第一代林木，形成新一代林木的主林层。

本作业法的优势在于实现林地持续主林层覆盖而持续发挥森林生态服务功能，并节约大量种苗培育和人工整地造林的费用，而把投入集中使用在开展 3 次间伐精细林分作业体系的技术和设备提高方面，提升林业的资源价值和经营技术水平。风险在于放牧和人为干扰等导致林下天然更新不足，可加强森林封闭保护措施规避次风险。

注意事项：以 30 年为一个整体的经营周期，每一次作业的具体时间因情况可以进行前后调整，间伐 / 采伐作业时要保证林下实生和补植幼苗幼树的保护和合理经营。

6.5　镶嵌式小面积皆伐作业法

镶嵌式小面积皆伐作业模式是在整体立地和生态环境条件相对较好的地区兼顾生态效益发挥的人工林适用的模式，为保持森林的生态环境维护功能，关键的技术参数是在现有标准上延长轮伐期 10~20 年，参考目标直径来提高林分终伐林木的直径，减少采伐作业面积等三个方面。核心是需要控制每一次皆伐作业的面积不大于 2 hm²；在坡度大于 15° 的山地最大带宽 100m 以内，并在次年再造林或促进天然更新加补植等措施实现森林更新。

小面积皆伐作业体系的主要特征是结合简单节省和保护生态环境两方面的要求，在某些特别好的立地和成熟的主林层林分条件下，镶嵌式的小面积皆伐作业完全可以利用土壤中丰富的种子库资源实现小片状皆伐林地的天然更新，从而大大减少经营投入，并提高经营模型的生态环境保持功能和整体的经济效益。在一些先锋树种组成且地势平坦、作业条件较好的人工林地区，镶嵌式小面积皆伐作业是最适合的林分作业体系。本作业法的应用为"TSP 1a: 杉－檫－枫－栎（CuLa-SaTs-LiFo-Qusp）大径级块状混交林木培育型"模式，也可以应用于低山丘陵区营造的桉树、刺槐、杉木、马尾松纯林经营，这些林子的共同特点是立地条件较好，人工造林比较方便，小面积皆伐后对环境造成的负面影响较小。

技术附件

附件 I　主要经营类型和目标林相设计表

（一）针叶树 + 一般阔叶树造林经营模型（MM1）

(1) 目标林相 TSP 1a: 杉－檫－枫－栎大径级混交林培育型

> **TSP 1a　　　杉－檫－枫－栎**（CuLa-SaTs-LiFo-Qusp）
> **大径级块状混交林培育型**
>
> 其目标功能主要是抗低温和雪灾，防止水土流失。主要分布于湘南和湘西北区域。
>
> 目标林相是对现有杉木受害林进行改造，营建杉木、檫木、枫香、栎类构成的小块状混交林，目标胸径45cm,每公顷蓄积量为200~300m³（按树种有区别），人工促进天然更新。
>
> 在400m以上垂直带，中高海拔段的山麓、山坡下部，选择 I 级苗实生苗，采用小块状混交造林，初植密度1667株/hm²（株行距2m×3m），每个树种的造林面积小于2hm²；按镶嵌式小面积皆伐作业法经营，目标胸径大于45cm,培育周期30年左右，以林分中出现目标胸径的林木为一个经营周期。
>
> 这四个树种是这个地段适生的树种，立地条件好且经营合理的杉木林25年左右就有可能达到目标胸径；檫木、枫香、栎类阔叶林在40年时胸径可达50cm。

(2) 目标林相 TSP 1b: 马－枫－荷－檫大径级混交林培育型

TSP 1b　　马－枫－荷－檫（PiMa-LiFo-ScSu-SaTs）

大径级混交林培育型

其目标功能主要是抗干旱和贫瘠土地，涵养水源。主要分布于湘南、湘北和湘西北区域。目标林相是有马尾松、枫香、木荷、檫木构成的复层混交林，目标胸径45cm，每公顷蓄积量大于350m³，林下具有群团状幼苗幼树天然更新层。

在800m以下垂直带，低海拔山麓、下部，选择Ⅰ级实生苗，采用小块状混交造林，初植密度1667株/hm²（株行距2m×3m）；按目标树单株抚育作业体系经营，目标胸径45cm，培育周期30年以上，选择目标树后，每10年进行一次促进目标树生长的抚育采伐，直到达到目标胸径的林木出现为一个经营周期。当第一个经营期出现以后，如果主林层优势树种依然是马尾松，则按照前30年的经营方式作业；如果主林层优势树种马尾松过熟林出现退化现象，则后期改变目标林相，以软阔叶树为目标林相，目标胸径50cm，且林下具有群团状幼苗幼树天然更新层。

这四个树种是这个地段适生的树种，立地条件好且经营合理的马尾松林30年左右就有可能出现目标胸径；檫木、枫香、木荷等阔叶林在40年时目标胸径可达50cm。

(3) 目标林相 TSP 1c 湿－枫－酸－荷大径级混交林培育型

TSP 1c　　湿－枫－酸－荷（PiEl-LiFo-ChAx-ScSu）

大径级混交林培育型

其目标功能主要是耐涝、耐瘠，防止水土流失。主要分布于湘北区域。

目标林相是由湿地松、枫香、南酸枣、木荷构成的复层混交林，目标胸径45cm，每公顷蓄积量大于300m³，林下具有群团状幼苗幼树天然更新层。

在400m以下垂直带，低海拔地区、平丘区，选择Ⅰ级实生苗，采用小块状混交造林，初植密度 1667 株 /hm² （株行距 2m×3m）；按目标树单株抚育作业体系经营，目标胸径 45cm，培育周期 30 年以上，选择目标树后，每 10 年进行一次促进目标树生长的抚育采伐，直到达到目标胸径的林木出现为一个经营周期。当第一个经营期出现以后，如果主林层优势树种依然是湿地松，则按照前 30 年的经营方式作业；如果主林层优势树种湿地松过熟林出现退化现象，则后期改变目标林相，以软阔叶树为目标林相，目标胸径 50cm，且林下具有群团状幼苗幼树天然更新层。

这四个树种是这个地段适生的树种，立地条件好且经营合理的湿地松林 30 年左右就有可能出现目标胸径；枫香、南酸枣、木荷等阔叶林在 40 年时目标胸径可达 50cm。

(4) 目标林相 TSP 1d：马尾松－核桃－板栗（或者油茶纯林）非木质产品培育型

TSP 1d　　　**马尾松－核桃－板栗**（PiMa-JuRe-CaMo）

非木质产品培育型

其目标功能主要是防止水土流失，解决当地农户部分经济收入。主要分布于湘西北区域。

目标林相是由核桃、板栗、黄连木等构成的复层混交林，目标直径大于 35cm，每公顷蓄积量大于 260m³，林下具有群团状幼苗幼树天然更新层。

在 800m 以下垂直带，中低海拔山麓、全坡，选择 I 级苗，采用小块状混交造林，初植密度 1667 株 /hm²（经济树种根据当地的栽植经验合理调整株行距）；种植板栗、核桃、黄连木等经济或药用植物来提高生态林的多功能利用价值；马尾松按目标树单株抚育作业体系经营，目标胸径 45cm，培育周期 30 年以上，选择目标树后，每 10 年进行一次促进目标树生长的抚育采伐，直到达到目标胸径的林木出现为一个经营周期。在目标树培育过程中对果实进行采集利用。经济林树种则在盛果期后进一步进行更新替换或嫁接复壮。

在自然地理条件优越的区域可以种植少部分油茶树种。

(5) 目标林相 TSP 1e: 杉木－山杜英－石楠混交林水源景观兼顾培育型

TSP 1e **杉木－山杜英－石楠** (CuLa-ElSy-PhSe)
混交林景观兼顾培育型

其目标功能主要是水源涵养与防止水土流失，兼顾景观功能。主要分布于湘南和湘西北区域的水库、河流、道路周边。

目标林相是将现有杉木受害林改造使用，建设以杉木为主，山杜英、石楠构成的混交林，全林目标胸径 45cm, 每公顷蓄积量为 200~300m³（按树种有区别），人工促进天然更新为主。

在 400m 以上垂直带，中高海拔段的山麓、山坡下部，选择 I 级实生苗，采用小块状混交造林，初植密度 1667 株/hm²（株行距 2m×3m），按群团状择伐作业法经营，目标胸径大于 45cm, 培育周期 30 年以上，以林分中出现目标胸径的林木为一个经营周期。

这三个树种是这个地段适生的树种，立地条件好且经营合理的杉木林 25 年左右就有可能出现目标胸径；山杜英和石楠具有良好的水源涵养和景观美化功能。

（二）针叶树＋珍贵阔叶树造林经营模型 (MM2)

属于这个经营模型类型的可以是适应于地处高海拔但水分条件较好的山麓地段现有退化杉木林分，或中低海拔地段立地条件较好的受损马尾松林分，通过针叶树种与珍贵阔叶树混交造林恢复生态系统，同时有长期珍贵树种培育的森林文化服务的功能，其目标林相是"杉木－鹅掌楸－锥栗"等林分模式。其中香樟、柏木等珍贵树种的栽培和文化承载历史悠久。如柏木耐寒耐旱耐瘠薄，成活期多可超过千年，是在困难立地上生态恢复使用的优良树种，也是传统的多功能高价值树种。

(6) 目标林相 TSP 2a: 杉－楠－楸－栎硬阔混交林培育型

TSP 2a **杉－楠－楸－栎** (CuLa-PhZh-LiCh-Qusp)
硬阔混交林培育型

其目标功能主要是抗低温和雪灾、防止水土流失。主要分布于湘南和湘西北区域。

目标林相是由杉木、楠木、鹅掌楸、栎类构成的复层混交林，目标胸径 45cm，林下具有群团状幼苗幼树天然更新层。

在海拔 400m 以上垂直带，中高海拔山坡中上部，选择 I 级实生苗，采用小块状混交造林，初植密度 1667 株/hm²；通过将杉木小块状混交优良树种桢楠和鹅掌楸等两个顶极群落树种，使林地逐步向珍贵乡土阔叶林的方向经营。按目标树单株抚育作业体系经营，目标胸径 45cm，培育周期 30 年以上，选择目标树后，每 10 年进行一次促进目标树生长的抚育采伐，直到达到目标胸径的林木出现为一个经营周期。当第一个经营期出现以后，如果主林层优势树种依然是杉木，则按照前 25 年的经营方式作业；如果主林层优势树种杉木过熟林出现退化现象，则后期改变目标林相，以硬阔叶树为目标林相，目标胸径 60cm，且林下具有群团状幼苗幼树天然更新层。

这 4 个树种是这个地段适生的树种，立地条件好且经营合理的杉木林 25 年左右就有可能出现目标胸径；楠木、鹅掌楸等阔叶林在 40 年时目标胸径可达 60cm。

(7) 目标林相 TSP 2b: 马 - 栲 - 樟 - 栎硬阔混交林木培育型

TSP 2b　　　**马 - 栲 - 樟 - 栎** (PiMa-ZeSc-CiCa-Qusp)
硬阔混交林培育型

其目标功能主要是抗干旱、贫瘠、防止水土流失。主要分布于湘北、湘西北、湘南区域。

目标林相是由马尾松、栲木、香樟、栎类构成的复层混交林，马尾松目标胸径 45cm，全林每公顷蓄积量大于 300m³，林下具有群团状幼苗幼树天然更新层。

在海拔 800m 以下垂直带，山坡中上部、山脊部，选择 I 级实生苗，采用小块状混交造林，初植密度 1667 株/hm²；通过将马尾松小块状混交优良树种栲木和香樟等两个顶极群落树种，使林地逐步向珍贵乡土阔叶林的方向经营。按目标树单株抚育作业体系经营，目标胸径 45cm，培育周期 30 年以上，选择目标树后，每 10 年进行一次促进目标树生长的抚育采伐，直到达到目标胸径的林木出现为一个经营周期。当第一个经营期出现以后，如果主林层优势树种依然是马尾松，则按照前 30 年的经营方式作业；如果主林层优势树种马尾松过熟林出现退化现象，则后期改变目标林相，以硬阔叶树为目标林相，目标胸径 60cm，且林下具有群团状幼苗幼树天然更新层。

这4个树种是这个地段适生的树种，立地条件好且经营合理的马尾松林30年左右就有可能达到目标胸径；榉木、香樟等阔叶林在40年时目标胸径可达60 cm。

（8）目标林相 TSP 2c: 柏－槐－合困难地混交林培育型

TSP 2c 　　　　柏－槐－合（CuFu-RoPs-AlJu）
困难地混交林培育型

其目标功能主要是抗干旱、贫瘠、防止水土流失。主要分布于湘南和湘西北区域。

目标林相是由柏木、刺槐、合欢构成的复层混交林，阔叶树目标胸径40cm，柏木45cm，全林每公顷蓄积量大于300m³，林下具有群团状幼苗幼树天然更新层。

在海拔800m以下的山坡上部或山脊，石灰岩、紫色岩立地，选择Ⅰ级实生苗，采用小块状混交造林，初植密度1667株/hm²；按目标树单株抚育作业体系经营，目标胸径40cm，培育周期30年以上，选择目标树后，每10年进行一次促进目标树生长的抚育采伐，直到达到目标胸径的林木出现为一个经营周期。

（9）目标林相 TSP 2d: 落－锥－楸高海拔混交林培育型

TSP 2d 　　　　落－锥－楸（LaKa-CaHe-LiCh）
高海拔混交林培育型

其目标功能主要是抗低温和雪灾、防止水土流失。主要分布于湘西北、湘南区域的高寒山区。

目标林相是由日本落叶松、锥栗、鹅掌楸构成的复层混交林，目标胸径45cm，全林每公顷蓄积量大于360m³，林下具有群团状幼苗幼树天然更新层。

在800m以上的高海拔地段，选择Ⅰ级实生苗，采用小块状混交造林，初植密度1667株/hm²；按目标树单株抚育作业体系经营，目标胸径45cm，培育周期30年以上，选择目标树后，每10年进行一次促进目标树生长的抚育采伐，直到达到目标胸径的林木出现为一个经营周期。当第一个经营期出现以后，如果主林层优势树种依然是日本落叶松，则按照前30年的经营方式作业；如果主林层优势树种日本落叶松过熟林出现退化现象，则后期改变目标林相，以硬阔叶树为目标林相，目标胸径60cm，且林下具有群团状幼苗幼树天然更新层。

（10）目标林相 TSP 2e: 多树种景观游憩科教经营型

TSP 2e　　　　多树种景观游憩科教经营型

其目标功能主要是涵养水源、提升景观功能。主要分布于湘南和湘北的城镇周边区域。

目标林相为立地适应的多树种（6个以上）混交异龄林，目标胸径按各树种规定执行，目标蓄积量大于300m³/hm²，人工辅助天然更新维持森林的恒续覆盖，是在特定的城镇周边区域的特色经营类型。

为宣传森林生态文化，提高人类生态文明而设计建立此综合经营型。树种选择在本区域可以生长的国家或湖南省保护植物、有特殊利用价值的林木以及有研究和观赏价值的其他林木，密度为1110株/hm²；采用播种、植苗或整株移植等手段建立，可用围栏保护、施肥、修枝、单株挂牌、名片注释说明等各类集约经营和展示等措施，不设立轮伐期和目标胸径，用这个聚集珍贵、稀有、特用和美学价值树种为一体的设计来实现景观、科普、教学、研究、环境生态、物种保存和生物多样性保护等功能为一体的林分模式，创造出旅游、观赏、科研、教育等特殊服务功能和经济价值。

（三）阔叶树混交林造林经营模型 (MM3)

属于这个经营模型类型的可以是适应于坡度较大土壤瘠薄立地下的现有受害林地，特别是在多代连作针叶纯林或是存在立地退化迹象的地段，有必要使用这个经营模型来克服生态系统的脆弱特征，起到长期森林生态系统稳定和正向发展的功效。本经营类型的目标林相是枫香、栾树等乡土阔叶树构成的混交林或单一乡土树种的阔叶林等几个林分模式。

(11) 目标林相 TSP 3a：枫香－木荷－木莲间伐抚育经营型

TSP 3a　　　　枫香－木荷－木莲间伐抚育经营型

目标功能主要是耐干旱、贫瘠，涵养水源。主要分布于湘西北、湘南和湘北的低海拔区域。可在低海拔山麓、山坡下部，退化的杉木、马尾松林地上更换目的树种为阔叶树主导的恢复经营类型。

目标林相为速生的枫香为建群种，搭配木荷、木莲等阔叶树种的混交林，密度为 1110 株 /hm²，目标胸径按各树种的规定执行，目标蓄积量大于 350m³/hm²，为保留少量天然更新的其他阔叶树伴生种经营的近自然森林。目标林相的变形模式可以是枫香—木荷—木莲三个树种构成的块状混交林，每个斑块按照伞状渐伐作业法执行。

采用速生阔叶林伞状渐伐作业法为森林的生命周期经营计划。这个类型可灵活应用到小片状的地段，通过大径级林木培育和持续的森林覆盖途径，既实现了生态恢复目标，又可以满足部分生产用材林和改善经济收益的要求，还具有改善立地条件和景观游憩的服务功能。

(12) 目标林相 TSP 3b：桦木－五角枫－刺槐稳定群落导向经营型

TSP 3b　　　　桦木－五角枫－刺槐稳定群落导向经营型

目标功能主要是耐干旱、耐贫瘠，涵养水源。主要分布于湘西北、湘南的中高海拔区域。

可在中高海拔山坡下部或全坡、现有退化的杉木、马尾松立地上更换目的树种为阔叶树主导的恢复经营类型。

目标林相为桦木、刺槐为主的群落向枫树、香樟、青冈、木荷等硬阔叶树为建群种引导经营型，密度为 1110 株 /hm²，保留少量天然更新的其他阔叶树为伴生种经营的近自然森林，采用慢生阔叶林作业法为森林的生命周期经营计划，先锋树种目标胸径为 35cm，慢生树种目标胸径为 60cm，目标蓄积量大于 350m³/hm²。这个类型可灵活应用到小片状的地段，通过大径级林木培育和持续的森林覆盖途径，既实现了生态恢复目标，又可以满足部分生产用材林和改善经济收益的要求，还具有改善立地条件和景观游憩的服务功能。

（四）高价值珍贵阔叶树造林经营模型 (MM4)

(13) 目标林相 TSP 4a: 黄檀－楠木－阔叶树种（DaHu-PhZh-LiCh）混交生态保护培育型

> **TSP 4a**　　　**黄檀－楠木－阔叶树种**（DaHu-PhZh-LiCh）
> **混交生态保护培育型**
>
> 　　其目标功能主要是耐干旱、耐贫瘠，涵养水源。主要分布于湘南区域。
>
> 　　目标林相是由优良树种黄檀、楠木和其他阔叶树构成的复层混交林，目标胸径 50cm，目标蓄积量大于每公顷 300m³，林下具有群团状幼苗幼树天然更新层。
>
> 　　在海拔 800m 以下垂直带，背风向阳、水肥条件好、红壤立地，坡度大于 25° 的受害林，阔叶树存在的地区，保留和促进其他寄生或伴生的阔叶树种，通过小块状混交优良树种黄檀、楠木等树种，密度为 1110 株/hm²，使林地逐步向珍贵乡土阔叶林的方向经营，促进森林文化恢复发展。
>
> 　　这 3 个树种是这个地段适生的树种，具有良好的早期耐萌性和强大的后续生长能力，可生长到 30m 高，是用于退化林地改造的首选，前提是立地等级较好，才能尽快实现优良材培育目标。
>
> 　　采用小块状混交造林，按目标树单株抚育作业体系经营，目标胸径 50cm，培育周期 30 年以上，选择目标树后，每 10 年进行一次促进目标树生长的抚育采伐，直到达到目标胸径的林木出现为一个经营周期。

(14) 目标林相 TSP 4b: 楠木－甜槠－阔叶树混交（PhZh-CaEy）珍贵树种培育型

> **TSP 4b**　　　**楠木－甜槠－阔叶树混交**（PhZh-CaEy）
> **珍贵树种培育型**
>
> 　　其目标功能主要是涵养水源、改良土壤。主要分布于湘南、湘西北区域。
>
> 　　目标林相是由优良树种桢楠、甜槠和其他阔叶树构成的复层混交林，目标胸径 60cm，目标蓄积量大于每公顷 350m³，林下具有群团状幼

苗幼树天然更新层。

在海拔 400m 以上垂直带，坡度大于 25°的受害林，杉木或竹林退化的地段，通过小片状林下混交优良树种桢楠、甜槠等两个顶极群落树种而导向经营，密度为 1110 株 /hm²，使林地逐步向珍贵乡土阔叶林的方向经营。

这 3 个树种是这个地段适生的树种，具有良好的早期耐荫性和强大的后续生长能力，可生长到 40m 高和 1m 胸径以上，是用于多代杉木退化林地改造的首选，前提是立地等级较好，才能尽快实现优良材培育目标。

采用小片状林下补植或迹地造林，按目标树单株抚育作业体系经营，目标胸径 60cm，培育周期 40 年以上，选择目标树后，每 10 年进行一次促进目标树生长的抚育采伐，直到达到目标胸径的林木出现为一个经营周期。

（五）补植的针叶树 + 一般阔叶树经营模型（MM5）

通过补植促进恢复经营模型的对象是受损林分已经存在每公顷 800~1200 株天然更新幼苗幼树。这样的林地中已经出现萌生的杉木和天然下种实生的油桐幼树，这些幼苗幼树可以经过间株定株去弱留强和选优割灌修水肥坑等抚育措施改进条件而加速幼树生长，在天然更新不足的地段可采用群团状或小片状补植造林措施，即可使林地得到快速恢复和质量进步。这就是的"天然更新抚育 + 补植作业 (improving natural seedlings and enrichment planting)"经营模型的基本内涵。

(15) 目标林相 TSP 5a: 杉－檫－枫－栎（CuLa- SaTs-LiFo-Qusp）大径级混交林补植培育型

TSP 5a　　　　　杉－檫－枫－栎（CuLa- SaTs-LiFo-Qusp）
大径级混交林补植培育型

目标功能主要是抗低温和雪灾，防止水土流失。主要分布于湘南、湘西北区域。

目标林相是由杉木、檫木、枫香、栎类构成的复层混交林，目标胸径大于 50cm，目标蓄积量大于每公顷 400m³，林下具有阔叶树种幼苗幼树天然更新层。前提是立地等级较好，才能尽快实现优良木材培育目标。

在海拔 400m 以上垂直带，高海拔区域、肥沃—中等立地，天然更新良好的杉木林退化的地段，林分存在 800~1200 株 /hm² 的天然更新幼苗幼树。通过小片状林下补植优良树种檫木、枫香和栎类 3 个阔叶树种而导向经营，补植原有密度的 10%~50% 苗木，使林地逐步向乡土阔叶树种主导的方向经营。

这 3 个树种是这个地段适生的树种，具有良好的早期耐荫性和强大的后续生长能力，可生长到 30m 高；枫香主要作为调节竞争和肥土的伴生树种，是用于多代杉木退化林地改造的首选。

采用小片状林下补植或迹地造林，按目标树单株抚育作业体系经营，目标胸径 50cm，培育周期 30 年以上，选择目标树后，每 10 年进行一次促进目标树生长的抚育采伐，直到达到目标胸径的林木出现为一个经营周期。

(16) 目标林相 TSP 5b: 马－枫－荷－檫（PiMa-LiFo-ScSu-SaTs）大径级混交林补植培育型

TSP 5b　　　　**马－枫－荷－檫**（PiMa-LiFo-ScSu-SaTs）
大径级混交林补植培育型

目标功能主要是抗干旱、耐贫瘠，涵养水源。主要分布于湘南、湘北和湘西北区域。

目标林相是由优良树种马尾松、枫香、木荷、檫木构成的复层混交林，目标胸径 50cm，目标蓄积量大于每公顷 300m³，林下具有阔叶树群团状幼苗幼树天然更新层。

在海拔 800m 以下垂直带，低、中海拔段，选择天然更新良好的马尾松退化的地段，林分存在 800~1200 株 /hm² 的天然更新幼苗幼树，通过小片状林下补植枫香、木荷、檫木等三个优良树种而导向经营，补植原有密度的 10%~50% 苗木，使林地逐步向乡土阔叶林的方向经营。

这三个树种是这个地段适生的树种，具有良好的早期耐荫性和强大的后续生长能力，可生长到 30m 高，是用于多代马尾松退化林地改造

的首选，前提是立地等级较好，才能尽快实现优良木材培育目标。

采用小片状林下补植或迹地造林，按目标树单株抚育作业体系经营，目标胸径 50cm, 培育周期 30 年以上，选择目标树后，每 10 年进行一次促进目标树生长的抚育采伐，直到达到目标胸径的林木出现为一个经营周期。

(17) 目标林相 TSP 5c: 湿－枫－酸－荷（PiEl-LiFo-ChAx-ScSu）大径级混交林补植培育型

TSP 5c　　　　湿－枫－酸－荷（PiEl-LiFo-ChAx-ScSu）
大径级混交林补植培育型

其目标功能主要是耐涝、耐瘠，防止水土流失。主要分布于湘北区域。

目标林相是由湿地松、枫香、南酸枣、木荷构成的复层混交林，目标胸径 50cm, 目标蓄积量大于每公顷 320m^3, 林下具有群团状幼苗幼树天然更新层。

在海拔 400m 以下垂直带，低海拔地区、平丘区，选择天然更新良好的湿地松退化的地段，存在 800~1200 株的天然更新幼苗幼树，通过小片状林下补植优良树种枫香、南酸枣和木荷 3 个树种而导向经营，补植原有密度的 10%~50% 苗木，使林地逐步向乡土阔叶林的方向经营。

这 3 个树种是这个地段适生的树种，具有良好的早期耐荫性和强大的后续生长能力，可生长到 30m 高，是用于多代马尾松退化林地改造的首选，前提是立地等级较好，才能尽快实现优良木材培育目标。

采用小片状林下补植或迹地造林，按目标树单株抚育作业体系经营，目标胸径 50cm, 培育周期 30 年以上，选择目标树后，每 10 年进行一次促进目标树生长的抚育采伐，直到达到目标胸径的林木出现为一个经营周期。

（六）补植的针叶树＋珍贵阔叶树经营模型 (MM6)

(18) 目标林相 TSP 6a: 杉－楠－楸－栎（CuLa-PhZh-LiCh-Qusp ）硬阔混交林补植培育型

TSP 6a 　　　　 杉－楠－楸－栎 (CuLa-PhZh-LiCh-Qusp)
硬阔混交林补植大径材培育型

目标功能主要是抗低温和雪灾，防止水土流失。主要分布于湘南和湘西北区域。

目标林相是由杉木、桢楠、鹅掌楸、栎类构成的复层混交林，目标胸径 60cm，目标蓄积量大于每公顷 400m³，林下具有群团状幼苗幼树天然更新层，目标树利用后人工促进天然更新为主要更新方式。

在 400m 以上垂直带，高海拔区域、优良立地，选择天然更新良好的杉木退化的地段，林分存在 800~1200 株/hm² 的天然更新幼苗幼树，通过小片状林下补植优良树种桢楠和鹅掌楸两个顶极群落树种而导向经营，补植原有密度的 10%~50% 苗木，使林地逐步向珍贵乡土阔叶林的方向经营。

这 3 个树种是这个地段适生的树种，具有良好的早期耐荫性和强大的后续生长能力，可生长到 40m 高和 1m 胸径以上，是用于多代杉木退化林地改造的首选，前提是立地等级较好，才能尽快实现优良木材培育目标。

采用小片状林下补植或迹地造林，按目标树单株抚育作业体系经营，目标胸径 60cm，培育周期 40 年以上，选择目标树后，每 10 年进行一次促进目标树生长的抚育采伐，直到达到目标胸径的林木出现为一个经营周期。

(19) 目标林相 TSP 6b: 马－榉－樟－栎（PiMa-ZeSc-CiCa-Qusp）硬阔混交林补植培育型

TSP 6b 　　　　 马－榉－樟－栎 (PiMa-ZeSc-CiCa-Qusp)
硬阔混交林大径材培育型

其目标功能主要是抗干旱，耐贫瘠，涵养水源。主要分布于湘北和湘西北区域。

目标林相是由马尾松、榉木、香樟和栎类构成的复层混交林，目标

胸径 60cm, 目标蓄积量大于每公顷 260m³，林下具有群团状幼苗幼树天然更新层。

在海拔 400m 以下垂直带，低、中海拔区域、山麓或山坡中下部优良立地，选天然更新良好的马尾松退化的地段，林分存在 800~1200 株/hm² 的天然更新幼苗，幼树通过小片状林下补植榉木、香樟、栎类 3 个顶极群落树种而导向经营，补植原有密度的 10%~50% 苗木，使林地逐步向珍贵乡土阔叶林的方向经营。

这 3 个树种是这个地段适生的树种，具有良好的早期耐荫性和强大的后续生长能力，可生长到 40m 高和 1m 胸径以上，是用于多代马尾松退化林地改造的首要选择，前提是立地等级较好，才能尽快实现优良木材培育目标。

采用小片状林下补植或迹地造林，按目标树单株抚育作业体系经营，目标胸径 60cm, 培育周期 40 年以上，选择目标树后，每 10 年进行一次促进目标树生长的抚育采伐，直到达到目标胸径的林木出现为一个经营周期。

（七）竹乔混交经营模型 (MM7)

(20) 目标林相 TSP 7a: 竹、阔混交经营型

TSP 7a	竹、阔混交经营型

其目标功能主要是提高竹林抗低温和雪压的能力、防止水土流失。主要分布于湘北和湘南区域。

目标林相是由竹、阔混交的复层林，在受冰灾严重、土层薄坡度大有滑坡和水土流失风险的竹林，改造当前竹林向竹－阔混交林导向经营，补植耐荫、较耐荫乔木树种，每公顷补植 75~150 株（5%~10%），形成支撑木，提高竹林抗雪压、抗冰冻的能力。

（八）人工促进天然更新经营模型 (MM8)

目标林相 TSP 8a: 简化结构的近自然阔叶混交林分

TSP　8a　　　　　简化结构的近自然阔叶混交林分

其目标功能主要是涵养水源、改良土壤。分布于湘北、湘西北、湘南区域。

目标林相是由多个优良阔叶树构成的复层混交林，目标胸径执行各树种的规定，目标蓄积量大于每公顷 $300m^3$，天然更新为主要更新途径，特别需要保持林下群团状更新的幼苗幼树更新层。

特定地段上有可能存在受损的针叶树，也需要在残余的保留木中选择有培育前途的优势个体并加以抚育促进，使其成为未来林分中的伴生林木，但是整体森林按近自然阔叶混交林经营。

在高海拔、立地条件瘠薄、坡度较大地段，天然更新大于 1000 株/hm^2，识别出有价值的幼树幼苗，采取劈除多余萌芽条、割除缠藤、割除上方或侧方遮阴的灌木和杂草、在幼树根部做一个反坡向的鱼鳞坑并尽可能采集堆入周边枯落物来改善幼苗幼树根部的水肥状态，并对林中空地坚持适地适树原则进行补植阔叶树种，补植 10%~30% 的苗木，使林地逐步向乡土阔叶林的方向经营。

附件 Ⅱ

主要树种生态功能和经营特征表

序号	中文名	代码	生态功能描述	极端气候忍耐性	生长速率	耐荫性	萌芽	自播	适宜立地环境	垂直适生范围	顶极群落适应种
1	杉木	CuLa	枯落物分解慢、涵养水源	耐低温、雪压	中	耐荫	√	√	土壤肥沃、适宜板、页岩土	400～1200m	否
2	南方红豆杉	TaCh	常绿、侧根发达、枝叶繁茂、有萌发力	耐旱、抗寒	慢	耐荫	√	种子少	湿润但怕涝、适于在疏松湿润排水良好的砂质壤土上种植	800～1500m	否
3	马尾松	PiMa	枯落物分解慢、涵养水源、耐干旱	耐低温、雪压	中	需光		√	耐瘠薄、适宜花岗岩、四季红土、酸性土	800m以下	否
4	柏木	CuFu	常绿、适宜弱碱性土壤	耐低温、雪压	慢	需光		√	耐瘠薄、石灰岩土、弱碱性	800m以下	否
5	湿地松	PiEl	常绿、适宜低丘酸性红壤	不耐低温、耐性较差	中	需光	√	√	耐涝、耐瘠	400m以下	否
6	日本落叶松	LaKa	适宜中高山、落叶、耐雪压	耐低温、雪压	中	需光		√	耐碱性、喜肥、喜水	800m以上	否
7	水杉	MeGl	落叶乔木、林内透光	耐寒性强	快	需光	√		山谷或山麓附近地势平缓、土层深厚、湿润或积有积水的地方、耐寒、耐水湿	300～1500m	否
8	木荷	ScSu	抗冰雪能力强、防火树种	耐低温、雪压	中	耐荫	√	√	土壤肥沃、深厚	800m以下	是
9	青冈	CyGl	常绿、早期耐荫、枯落物涵养水源	耐低温、抗雪压	慢	耐荫	√	√	土壤肥沃、适宜板岩、页岩土	800m以下	是
10	苦槠	CaSc	常绿、早期耐荫、枯落物涵养水源	耐低温、抗雪压	慢	耐荫	√	√	土壤肥沃、深厚	800m以下	是

（续）

序号	树种 中文名	代码	生态功能描述	极端气候忍耐性	生长速率	耐阴性	天然更新能力 萌芽	自播	适宜立地环境	垂直适生范围	顶极群落适应种
11	楠木	PhZh	常绿，树形高大，形成优势层	较耐低温、抗雪压	中	耐阴	√	种子少	土壤肥沃、深厚	500～1200m	是
12	刨花楠	MaPa	常绿，树形高大，形成优势层	较耐低温、抗雪压	中	耐阴	√	种子少	土壤肥沃、深厚	500～1200m	是
13	山杜英	ElSy	常绿，早期耐荫，枯落物涵养水源	较耐低温、抗雪压	中	耐阴	√	√	土壤肥沃、深厚	300～850m	是
14	香樟	CiCa	树冠开展，天然更新好	低温冻叶，少冻死	慢	耐阴	√	√	土壤肥沃、深厚	100～800m	是
15	沉水樟	CiMi	常绿乔木	耐寒	慢	需光，幼龄阶段较耐阴	√	√	在湿度大、土壤肥力较高的生境，不耐干旱	800m以下	是
16	甜槠	CaEy	树冠开展，天然更新好	耐低温、抗雪压	慢	耐阴	√	√	土壤肥沃	1500m以下	是
17	赤皮青冈	CyGi	常绿，早期耐荫，枯落物涵养水源	耐低温、抗雪压	慢	耐阴	√	√	土壤肥沃、深厚	800m以下	是
18	麻栎	QuAc	冬季落叶、林内透光	耐低温、抗雪压	中	需光	√	√	耐寒、耐干旱瘠薄，不耐水湿，喜肥沃深厚壤土	400～1600 m	否
19	白栎	QuFa	冬季落叶、林内透光	耐低温、抗雪压	中	需光	√	√	喜深厚、湿润、肥沃土壤，也较耐干旱、耐瘠薄	100～800 m	否
20	黄檀	DaHu	落叶、萌芽能力强	耐低温、抗雪压	中	需光	√	√	耐瘠薄，为先锋树种之一	1000m以下	否

（续）

序号	中文名	代码	生态功能描述	极端气候忍耐性	生长速率	耐荫性	萌芽	自播	适宜立地环境	垂直适生范围	顶极群落适应种
21	合欢	AlJu	落叶，萌芽能力强	耐低温、抗雪压	中	需光	✓	✓	宜在排水良好、肥沃土壤生长，但也耐瘠薄土壤和干旱气候，但不耐水涝	1400m以下	否
22	木莲	MaFo	常绿，早期耐萌、枯落物涵养水源	耐低温、抗雪压	慢	需光	✓	✓	土壤肥沃、深厚	900m以下	是
23	枫香	LiFo	冬季落叶金黄、落叶量大、分解快	耐低温、抗雪压	中	需光	✓	✓	土壤肥沃、深厚	800m以下	否
24	檫木	SaTs	冬季落叶、林内透光、速生	耐低温	中	需光	✓	种子少	土壤肥沃、深厚	1900m以下	否
25	南酸枣	ChAx	冬季落叶金黄、落叶量大、分解快	耐低温、较抗雪压	中	需光	✓	✓	土壤肥沃、深厚	1200m以下	否
26	鹅掌楸	LiCh	冬季落叶金黄、落叶量大、分解快	耐低温、较抗雪压	中	需光	✓	✓	土壤肥沃、深厚	700～1600m	否
27	光皮桦	BeLu	冬季落叶、林内透光、速生	耐低温、较抗雪压	中	需光	✓	✓	土壤肥沃、深厚	1800m以下	否
28	苦楝	MeAz	落叶乔木	不耐庇荫、较耐寒	中	需光	✓	✓	耐干旱、耐瘠薄	800m以下	否
29	刺槐	RoPs	落叶、生长快、根浅、蜜源树种	抗旱、耐低温	中	需光	✓	✓	对土壤要求不严，适应性很强。最喜土层深厚、肥沃、疏松、湿润的粉砂土，砂壤土和壤土	800m以下	否
30	臭椿	AiAl	冬季落叶、林内透光、速生	耐低温、抗雪压	中	需光	✓	✓	土壤肥沃、深厚	1000m以下	否

（续）

序号	树种 中文名	代码	生态功能描述	极端气候忍耐性	生长速率	耐荫性	天然更新能力 萌芽	天然更新能力 自播	适宜立地环境	垂直适生范围	顶极群落适应种
31	香椿	ToSi	落叶，萌芽能力强，落叶量大，分解快	耐低温，抗雪压	中	需光	✓		适宜生长于河边、宅院周围肥沃湿润的土壤中，一般以砂壤土为好	1200m以下	否
32	毛红椿	ToCi	落叶，萌芽能力强，落叶量大，分解快	耐低温，抗雪压	中	需光	✓		适宜生长于河边、宅院周围肥沃湿润的土壤中，一般以砂壤土为好	1200m以下	否
33	银杏	GiBi	落叶，秋季树叶金黄，果可食用，药用	耐低温，抗雪压	慢	需光	✓		地势平坦、背风向阳，土层深厚、土质疏松肥沃	800m以下	否
34	含笑	MiFi	常绿，树型美观，花香，果可食用，药用	较耐寒	中	耐荫			不耐干燥瘠薄，但也怕积水，要求排水良好、肥沃的微酸性壤土，耐荫之地土壤也能适应	1000m以下	否
35	五角枫	AcEl	落叶，秋叶变亮黄色或红色	较耐寒	中	需光	✓		在耐荫、酸性及石灰性土上均能生长，但以土层深厚、肥沃及湿润之地生长最好	100～1200m	否
36	山樱花	CeSe	落叶，春季开花	耐低温，抗雪压	中	需光	✓	✓	以土层深厚、疏松肥沃、排水良好的微酸性砂质壤土最为适宜	1800m以下	否
37	桂花	OsFr	常绿乔木或灌木	较耐寒	中	需光	✓			800以下	否
38	栾树	KoBi	冬季落叶，果红色，花，林内透光，速生	耐低温，抗雪压	中	需光	✓	✓	土壤肥沃，深厚	400～1000m	否

（续）

序号	中文名	代码	生态功能描述	极端气候忍耐性	生长速率	耐荫性	萌芽	自播	适宜立地环境	垂直适生范围	顶极群落适应种
39	石楠	PhSe	常绿乔木	抗寒力不强，喜光也耐荫	中	需光	✓		对土壤要求不严，以肥沃湿润的砂质土壤最为适宜	100~800m	否
40	拟赤杨	AlFo	落叶乔木	较耐寒	快	需光	✓		适生于山谷、山坡中下部，水沟旁，土壤干旱、瘠薄的地方不宜栽植	400~1200m	否
41	木棉	GoMa	落叶大乔木，木棉花橘红色	耐低温、抗雪压	中	需光	✓		耐旱，抗污染，抗风力强	400m以下	否
42	榉木	ZeSc	冬季树叶金黄，落叶量大，分解快	耐低温、抗雪压	慢	需光	✓	种子少	土壤肥沃，深厚	1500m以下	否
43	锥栗	CaHe	冬季落叶、透光、速生、果可食用、林内	耐低温、抗雪压	中	耐荫	✓	✓	土壤肥沃，深厚	400~1500m	否
44	栓皮栎	QuVa	冬季落叶、透光、林内	耐低温、抗雪压	中	需光	✓	✓	土壤肥沃，深厚	200~1600m	否
45	凹叶厚朴	MaOf	落叶乔木	耐低温、抗雪压	中	耐荫	✓		喜凉爽湿润气候及肥沃、排水良好的酸性土壤，畏酷暑和干热	400~800m	否
46	黄柏	PhAm	落叶乔木	耐寒，对气候适应性很强	中	苗期稍能耐荫，成年树喜阳光	✓		喜深厚而肥沃土壤，腐殖质含量多为好。喜潮湿而怕涝	100~800m	否
47	毛竹	PhPu	速生、保护土壤	耐低温、较抗雪压	快	耐荫		✓	花岗岩土，土层深厚	1000m以下	否

（续）

序号	中文名	代码	生态功能描述	极端气候忍耐性	生长速率	耐荫性	萌芽	自播	适宜立地环境	垂直适生范围	顶极群落适应种
48	杨梅	MyRu	常绿乔木	不耐寒	中	耐荫	√		土层深厚、疏松肥沃、排水良好的酸性黄壤	1000m以下	否
49	泡桐	PaFo	落叶乔木	耐低温	快	需光	√		长于排水良好、土层深厚、通气性好的砂壤土或砂砾土	800m以下	否
50	乌桕	SaSe	落叶乔木、色叶树种	不甚耐寒、不耐荫	中	需光	√		对土壤的适应性较强，抗盐性强	800m以下	否
51	板栗	CaMo	冬季落叶、透光、速生，果可食用	耐低温、抗雪压	中	需光	√		土壤肥沃、深厚	370~800m	否
52	核桃	JuRe	落叶乔木、果可食用	耐寒、抗旱	中	需光	√		适应多种土壤生长，喜水肥，同时对水肥要求不严	300~1000m	否
53	油茶	CaOl	常绿小乔木、果可榨油	不耐寒、抗旱	慢	需光		√	一般适宜土层深厚的酸性土，喜水肥	500m以下	否
54	桤木	AlCr	乔木	耐瘠薄	快	喜光	√		对土壤适应性强，喜水湿	500~3000m	否

参考文献

Gayer K. 1880. Der Waldbau[M]. Berlin: Verlag Wiegandt & Hempel & Parey.

Gayer K. 1886. Der gemischte Wald, seine Begruenung und Pflege, insbesondere durch Horst- und Gruppenwiftschaft[M]. Berlin: Verlag Parey.

Gustafsson L, Baker C S, Bauhus J, et al. 2012. Retention forestry to maintain multifunctional forests: A world perspective. BioScience, 62(7): 633-645.

Handstanger, Rudolf; Schantl, Johannes; Schwarz, Rudolf; Krondorfer, Martin.2004. Zeitgemaesse Waldwirtschaft (5.Auflag 2004). Leopold Stocker Verlag, Graz-Stuttgart.

Harald, G; Grulich, H; Sandler, J; Spreitzhofer, J; Stadlmann, H 2001. Waldwirtschaft Heute. Oesterreichischer Agrarverlag, Leopoldorf.

Matthews J D. 1989. Silvicultural Systems[M]. Oxford: Clarendon Press.

国家林业局. 2016. 全国森林经营规划（2016—2050 年）.

Sturm K. 1989. Was bringt die naturgemäße Waldwirtschaft für den Naturschutz. - NNA Berichte Niedersachsen - Naturgemäße Waldwirtschaft und Naturschutz, 2. Jg., H. 3/89. 154 - 158.

WBD (Waldarbeitsschulen der Bundesrepublik Deutschland) 1993. Der Forstwirt. Verlag Euleng Ulmer, Stuttgart.

陈大珂, 周晓峰, 丁宝永. 1984. 黑龙江省天然次生林研究：栽针保阔经营途径 [J]. 东北林学院学报, 12 (4): 1-12.

国家林业局. 2014. 中国森林资源报告（2009—2013）. 北京：中国林业出版社.

Duchiron, Marie Stella. 2000. Strukturierte Mischwaelder[M]. Berlin: Parey Buchverlag.

莫若行 . 1991. 采育兼顾林分作业法 [M]. 哈尔滨 : 黑龙江科学技术出版社 .

时富勋 , 王宜文 , 杨长群 . 2004. 栎类矮林作业法 . 林业实用技术 .

Matthews J D. 1989. 王宏，娄瑞娟（译）2015. 营林作业法 . 北京 : 中国林业出版社 .

王长富 . 1998. 试论中国次生林作业法 [J]. 东北林业大学学报 , 26 (6): 57-59.

Matthews J D. 1989. 营林作业法 [M]. 王宏，娄瑞娟译，2015. 北京 : 中国林业出版社

后 记

　　把湖南省森林恢复与发展项目的经营模式和实施技术文件改编出版的确是一个极好的主意！让我们又一次对树木、森林、生态系统、社会环境、气候变化和可持续发展等关联问题做了深入的思考，并从中又学习到很多东西，犹如又得到了一份意外的赠礼。随着 2015 年《中共中央 国务院关于加快推进生态文明社会建设的意见》发布（中发 [2015]12 号），我国社会开启了生态文明建设发展的新阶段。什么是生态文明社会的基本特征？我们的这个《指南》能为此做些什么贡献？这是写作中我们不断思考和尝试回答的问题。

　　我们认为生态文明的要义就是对所有生命的保护和促进，简单地说，"生态"就是多个物种和多种生命形式共同生存的状态，"文明"是指任何物种都有生存发展的意义，要以一个物种的发展不威胁到其他物种的生存为底线！所以，生态文明的步伐随着工业化的发展就已经开始了，所谓有机农业模式、无公害农产品开发和环境污染防治等，都是对人类生命的尊重和保护的生态文明发展特征。而随着对人类之外的动物和植物的关注和保护，标志着人类"善待其他生命"意识的全面觉醒，推动了社会的各种生态文明行动，包括对树木、森林和陆地生态系统的尊敬、保护和合理的经营利用。所以，体现生态文明特征的森林经营，就是要用"有生命的森林生态系统"的理念去理解和对待树木和森林，启蒙和加强人类在土地和森林经营活动中对大自然的尊敬、保护与合理利用的生态文明理念与技术，贯穿本《指南》始终的"多功能、近自然、全周期"等三个森林经营基本要领，就是把尊敬、保护与合理利用森林资源的理念落实到具体经营技术的核心模式。

在 2012—2019 年的整个"湖南省森林恢复和发展项目"建设过程中，我们始终坚持把"多功能、近自然、全周期"这三个核心技术模式落实到每个作业地段，项目建设的所有森林都是具有多种成分、结构和对应功能的混交林，设计的所有经营利用方法都是有保留性的抚育择伐作业方法，规划的所有经营计划都是保障一部分优势林木能够完成其生命过程的全周期经营计划。这三方面的变化不仅仅是技术的改进，而是思考生态文明社会发展需求并尽力把理念嵌入到具体经营处理的结果，比如不同近自然程度的混交林模式、不同树种的目标直径、不同强度的择伐作业、对特别目标树的保护、对天然更新树木的促进、抚育时保留部分枯立的林木、保护特别的生境和立地，……等等。我们希望广大读者能读出并感受到这些技术处理方法之后的"尊敬、保护与合理利用森林自然"的生态文明社会发展理念，并由此激发出新的动力来推动我国生态文明社会持续发展，实现"绿水青山就是金山银山"的更好未来。

2019 年 2 月 14 日
於北京